HZ BOOKS

華 章 圖 書

一本打开的书，一扇开启的门，
通向科学殿堂的阶梯，托起一流人才的基石。

U0364907

Data Science

人人可懂的数据科学

[爱尔兰] 约翰·D. 凯莱赫 (John D. Kelleher)
布伦丹·蒂尔尼 (Brendan Tierney) 著

张世武 黄元勋 译

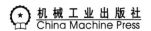

机械工业出版社
China Machine Press

图书在版编目（CIP）数据

人人可懂的数据科学/（爱尔兰）约翰·D. 凯莱赫（John D. Kelleher），（爱尔兰）布伦丹·蒂尔尼（Brendan Tierney）著；张世武，黄元勋译 . —北京：机械工业出版社，2019.9

书名原文：Data Science

ISBN 978-7-111-63726-4

I. 人… II. ① 约… ② 布… ③ 张… ④ 黄… III. 数据处理 IV. TP274

中国版本图书馆 CIP 数据核字（2019）第 207396 号

本书版权登记号：图字 01-2018-4600

本书简要介绍了数据科学领域的发展、基础知识，并阐释了数据科学项目的各个阶段。本书考虑了数据基础架构和集成多个数据源数据所面临的挑战，介绍了机器学习基础，探讨了如何应用机器学习专业技术解决现实问题。本书还综述了道德和法律问题、数据法规的发展以及保护隐私的计算方法。最后探讨了数据科学的未来影响，并给出了数据科学项目成功的原则。

人人可懂的数据科学

出版发行：机械工业出版社（北京市西城区百万庄大街 22 号 邮政编码：100037）
责任编辑：赵 静
责任校对：李秋荣
印　　刷：中国电影出版社印刷厂
版　　次：2019 年 10 月第 1 版第 1 次印刷
开　　本：147mm×210mm 1/32
印　　张：7
书　　号：ISBN 978-7-111-63726-4
定　　价：59.00 元

客服电话：(010) 88361066 88379833 69326294 投稿热线：(010) 88379604
华章网站：www.hzbook.com 读者信箱：hzit@hzbook.com

数据科学这个术语的出现可以追溯到 20 世纪 90 年代。事实上，该领域的历史更悠久。在古代人类就已经有收集数据和分析数据的传统，这些可视为数据科学的雏形。数据科学的目标是从大数据集中提取洞察力并基于它改进决策。数据科学与数据挖掘、机器学习紧密相关，但它的研究范围更广，人们在日常交流中通常会混淆这些概念。进入信息时代之后，数据科学逐步迈入应用阶段，但是真正被大众熟知则是在大数据时代。目前，大数据正在急剧改变着人们的工作、生活与思维模式，同时也对数据科学的学术研究及应用产生了深远影响。大数据技术日新月异的发展、可用数据的激增及计算能力的提升，为数据科学实践提供了肥沃的土壤，数据科学项目在各种规模的组织机构中如雨后春笋般涌现。

本书从数据科学发展演化史，数据科学定义，数据、数据集，数据科学生态系统，机器学习，数据科学标准任务，隐私与道德，发展趋势等角度，对数据科学展开了精彩的阐述。书中精准界定了数据科学的术语、任务、生命周期，介绍了主流的数据科学生态技术，以及决策树（Decision Tree）、回归分析（Regression Analysis）、神经网络（Neural Network）、深度学习（Deep Learning）等常见机器学习算法。同时也涵盖了隐私、道德等方面的话题，介绍了数据科学可能引发的隐私泄露、人为歧视、不公平，以及美国、欧盟等国家或组织针对数据因素保护、数据道德的立法。本书深入浅出、案例丰富，适合各种类型的读者阅读。对数据科学感兴趣的非专业人士阅读本书正文内容即可获得对数据科学系统的、直观的认识；专业人士还可以阅读本书"延伸阅读""参考文献"部分列举的文献。本书也对一些重要概念以及容易混淆的内容提供了注解，以帮助读者准确无误地掌握本书内容。

本书经过精心组织，结合了译者多年的数据科学研究、实践经验，并参考了微软、阿里巴巴、腾讯、百度等众多知名企业的业界专业人士的意见。本书翻译团队由拥有丰富经验的数据科学从业者组成。其中，张世武负责第1、2、4、5章的翻译和校对以及全书统稿，黄元勋负责第3、6、7章的翻译和校对。在本书翻译过程中，译者经过多次讨论、审校，力求信达雅。由于本书涉及很多新概念，业界尚无统一术语，另外由于译者水平有限，难免会出现一些问题，欢迎广大读者及业内同行批评指正。

最后，感谢家人的支持与宽容，为我们顺利交稿创造了宽松的环境。

·· 前　　言 ··

　　数据科学的目标是通过将决策建立在从大数据集中提取洞
察力的基础上来改进决策。作为一个活动领域，数据科学由一
系列原理、问题定义、算法和过程组成，用于从大型数据集中
提取有用但不显眼的模式。数据科学与数据挖掘和机器学习领
域密切相关，但它涉及的范围更广。如今，数据科学推动了现
代社会几乎所有领域决策的发展。数据科学可能影响人们日常
生活的方方面面，如确定在线广告的呈现，向用户推荐电影、
书籍、朋友，过滤垃圾邮件，用户续订手机合约时向他们提供
合适的优惠套餐，降低医保成本，规划辖区内交通信号灯的布
局及通行时间，药品设计，警力部署规划等。

　　大数据和社交媒体的出现、计算能力的加速、计算机内存
成本的大幅降低以及更强大的数据分析和建模方法的发展推动
了当代社会对数据科学需求的增长，其中典型的技术有深度学
习。这些因素共同作用意味着组织收集、存储和处理数据将比
以前简单。与此同时，这些技术创新和数据科学的广泛应用意

味着与数据使用和个人隐私相关的道德挑战从未如此迫切。本书的目的是提供数据科学的介绍，涵盖该领域的基本要素，并提供对该领域深刻的原则性见解。

本书第 1 章介绍了数据科学领域，简要回顾了数据科学的发展演化历史，还探讨了如今数据科学为什么那么重要，以及推动采用数据科学的一些因素。在这一章的最后，回顾并揭穿了与数据科学相关的一些神话。第 2 章介绍了与数据相关的基本概念，描述了数据科学项目的标准流程：业务理解、数据理解、数据准备、建模、评估和部署。第 3 章重点介绍了数据基础设施以及大数据和多源数据集成带来的挑战。数据基础设施的一个可能具有挑战性的典型方面是，数据库和数据仓库中的数据通常驻留在与用于数据分析的服务器不同的服务器上。因此，当处理大型数据集时，可能要花费大量时间在数据库或数据仓库所依赖的服务器与进行数据分析和机器学习处理的服务器之间移动数据。第 3 章首先描述组织中典型的数据科学基础设施，以及在数据科学基础设施中移动大型数据集的挑战的一些新兴解决方案，其中包括使用数据库内置机器学习算法，使用 Hadoop 进行数据存储和处理，以及混合数据库系统的开发，这些系统无缝地结合了传统的数据库软件和类似 Hadoop 的解决方案。这一章的最后强调了将整个组织的数据整合到适合机器学习的统一表示中的一些挑战。第 4 章介绍了机器学习领域，并解释了一些最流行的机器学习算法和模型，包括神经网络、深度学习和决策树模型。第5章聚焦于通过审视一系列标准业务问题，描述了机器学习解决方案如何解决这些问题来将机器学习专业知识与现实问题联系起来。第6章回顾了数据科学的道德含义、数据监管的最新发展，以及在数据科学过程中保护个人隐私的一些新的计算方法。最后，第7章描述了数据科学在不久的将来会产生重大影响的一些领域，并列出了确定数据科学项目是否会成功的一些重要原则。

·· 致　　谢 ··

John 和 Brendan 感谢 Paul McElroy 和 Brian Leahy 对早期草稿的阅读和评论。还要感谢两位匿名审稿人，感谢他们针对稿件给麻省理工学院出版社的工作人员提供了详细且有益的反馈意见，对本书的出版提供了强有力的支持和指导。

John 感谢他的家人和朋友在本书的准备过程中给予的支持和鼓励，并将这本书献给他的父亲——John Bernard Kelleher，以表示对他的爱和情谊。

Brendan 感谢 Grace、Daniel 及 Eleanor 在他撰写另一本著作（他的第 4 本著作）时，对他长期出差的容忍以及对日常工作的支持。

·· 作 者 简 介 ··

约翰·D. 凯莱赫（John D. Kelleher）是都柏林理工学院计算机科学学院的教授以及信息、通信和娱乐研究所的学术负责人。他的研究得到了 ADAPT 中心的支持，该中心由爱尔兰科学基金会（Grant 13 / RC / 2106）资助，同时也接受欧洲区域发展基金的资助。他还是《Fundamentals of Machine Learning for Predictive Data Analytics》（麻省理工学院出版社）的作者之一。

布伦丹·蒂尔尼（Brendan Tierney）是都柏林理工学院计算机科学学院的讲师，同时也是 Oracle ACE 主任，还著有多本基于 Oracle 技术的数据挖掘类著作。

•• 目　　录 ••

译者序

前言

致谢

作者简介

第 1 章　什么是数据科学 ⋯⋯ **1**

　　1.1　数据科学简史 ⋯⋯ **5**

　　　　1.1.1　数据收集简史 ⋯⋯ **5**

　　　　1.1.2　数据分析简史 ⋯⋯ **9**

　　　　1.1.3　数据科学的产生与发展 ⋯⋯ **14**

　　1.2　数据科学用于何处 ⋯⋯ **20**

　　　　1.2.1　销售和营销中的数据科学 ⋯⋯ **21**

　　　　1.2.2　数据科学在政府中的应用 ⋯⋯ **22**

　　　　1.2.3　数据科学在竞技体育中的应用 ⋯⋯ **23**

　　1.3　为什么是现在 ⋯⋯ **25**

　　1.4　关于数据科学的神话 ⋯⋯ **28**

第 2 章　什么是数据，什么是数据集 ······ **31**

2.1　关于数据的观点 ······ **38**

2.2　数据可以积累，而智慧不能 ······ **43**

2.3　CRISP-DM ······ **45**

第 3 章　数据科学生态系统 ······ **54**

3.1　将算法迁移至数据 ······ **61**

3.1.1　传统数据库与现代的传统数据库 ······ **64**

3.1.2　大数据架构 ······ **67**

3.1.3　混合数据库世界 ······ **69**

3.2　数据准备和集成 ······ **72**

第 4 章　机器学习 ······ **77**

4.1　有监督学习与无监督学习 ······ **78**

4.2　学习预测模型 ······ **83**

4.2.1　相关性不等同于因果，但它有时非常有用 ······ **84**

4.2.2　线性回归 ······ **90**

4.2.3　神经网络与深度学习 ······ **96**

4.2.4　决策树 ······ **108**

4.3　数据科学中的偏差 ······ **114**

4.4　评估模型：泛化而不是记忆 ······ **116**

4.5　摘要 ······ **119**

第 5 章　标准的数据科学任务 ······ **121**

5.1　谁是我们的目标客户（聚类）······ **122**

5.2　这是欺诈吗（异常值检测）······ **128**

5.3　你要配份炸薯条吗（关联规则挖掘）······ **131**

5.4　流失还是不流失，这是一个问题（分类）······ **136**

5.5　它价值几何（回归）······ **141**

第 6 章　隐私与道德 ······ **143**

6.1　商业利益与个人隐私 ······ **145**

　　6.1.1　数据科学的道德启示：画像与歧视 ······ **148**

　　6.1.2　数据科学的道德含义：创建一个全景监狱 ······ **154**

6.2　隐私保护 ······ **157**

　　6.2.1　保护隐私的计算方法 ······ **159**

　　6.2.2　规范数据使用和保护隐私的法律框架 ······ **161**

6.3　通往道德的数据科学之路 ······ **164**

第 7 章　未来趋势与成功准则 ······ **172**

7.1　医疗数据科学 ······ **172**

7.2　智慧城市 ······ **174**

7.3　数据科学项目准则：为什么会成功或失败 ······ **177**

7.4　终极思考 ······ **185**

术语表 ······ **188**

延伸阅读 ······ **201**

参考文献 ······ **203**

第1章

什么是数据科学

数据科学（data science）由一系列原理、问题定义、算法及数据处理过程组成，用于从大数据集中抽取不显眼但又非常有用的模式（pattern）。数据科学中的很多元素由诸如机器学习（machine learning）、数据挖掘（data mining）等相关学科中的元素进化而来。事实上，很多场景中，*数据科学*、*机器学习*和*数据挖掘*这些概念可以互换。它们有很多共同点，主要集中在如何利用数据分析来改进决策。尽管数据科学从相关学科中借鉴了不少东西，但是它的研究范围更广阔。机器学习更关注算法的设计与演化（用于从数据中抽取有用的模式）。数据挖掘通常用来处理和分析结构化数据，更侧重于商业应用。数据科学涵盖了机器学习与数据挖掘的所有内容，此外还会应对很多其他的挑战，如非结构化的社交媒体、Web数据的捕获、清洗、转换，利用大数据技术存储和处理海量非结构化数据集，数据道德与法规（data ethics and regulation）相关问题。

利用数据科学，我们可以从数据中抽取各种各样的模式。例如，可以抽取模式用于判定哪些用户有相似的行为或偏好。在商业领域，该任务称为**客户细分**（customer segment），而在数据科学领域，该任务称为**聚类**（clustering）。又例如，也许我们想抽取一个模式用于判定哪些商品经常被一起购买，该任务称为**关联规则挖掘**（association rule mining）。又比如，我们想抽取模式用于分辨奇怪或异常的事件，如骗保，此类任务也称为**异常值检测**（anomaly detection）或**离群点检测**（outlier detection）。此外，有时也可能用抽取出来的模式对事物进行**分类**（classification）。例如，下面这条规则描述了从电子邮件数据集中抽取的分类模式：If an email contains the phrase "Make money easily", it is likely to be a spam email（如果邮件中包含了短语"Make money easily"，那么它很有可能是一封垃圾邮件）。利用分类规则来判断事物所属的类别称为**预测**（prediction）。预测一词容易让人产生误解，这些规则并不能预测未来将会发生什么：因为一封邮件是否为垃圾邮件事先就已确定。因此，读者应该将预测理解为预测事物的某个属性的值而非未来将会发生什么。在当前案例中，需要预测的是邮件的分类属性的值是否为"spam"。

虽然可以通过数据科学来抽取各种类型的模式，但人们通常希望抽取出来的模式是不寻常的并且有用的。前面的垃圾邮

如果人类专家可以轻而易举地

根据其设想构建出一个模式，

那么通常不值得使用

数据科学来"发现"它。

件分类规则过于简单和明显，如果利用数据科学只能抽取出这样的规则，毫无疑问那是令人失望的。该范例中，垃圾邮件分类规则只检查了邮件的一个属性：邮件中是否包含短语"make money easily"。如果人类专家可以轻而易举地根据其设想构建出一个模式，那么通常不值得使用数据科学来"发现"它。一般来说，对人类而言，当数据样本量非常大并且模式非常复杂时才值得拿出数据科学这种武器。就最低限度而言，数据科学可以处理海量数据，这远远超出了人类专家的处理能力。与此类似，所谓的复杂模式，也是相对人类而言的。人类非常擅长定义涉及少量（通常不超过 3 个）属性（attribute，也称为特征（feature）或变量（variable））的规则，而当属性个数超过 3 个时，人类在分析变量之间的相互影响时就会陷入窘境。数据科学则不一样，能胜任涉及几十到几千个属性的模式抽取任务，极端情况下甚至能处理上百万个属性。

通过数据科学抽取出来的模式，只有当它们能提供针对被研究问题的洞察力并且有助于解决问题时才具有价值。在这种语境下，通常使用术语**可用的洞察力**（actionable insight）来描述我们想要抽取何种模式。这里的**洞察力**指的是模式能为我们提供的针对被研究问题的相关信息，并且这些信息并不是显而易见的。而**可用的洞察力**指的是这些洞察力在指导解决问题时具有可操作性。想象一下，如果我们在移动通信公司工作，正致力于解决客户流失问题，即有大量客户投向其他公司。解决方案之一就是挖掘之前客户的数据，从中抽取有效的模式来预测当前客户的流失风险，对于流失风险较高的客户，可以与他们接触沟通，说服他们继续使用本公司的产品或服务。当满足以下两个条件时，模式在预测客户流失方面才能发挥作用：（1）模式需要足够早地预测到客户的流失，这样才能有充裕的时间来挽留客户；（2）公司需要有一个专门的团队来接触和挽留客户。只有同时满足这两个条件，公司才能有效地利用模式提供的洞察力来采取有效的行动。

1.1　数据科学简史

数据科学这个术语的出现可以追溯到 20 世纪 90 年代。事实上，该领域的历史更悠久。在数据科学的长河中，一条主线是数据收集（data collection），而另一条主线是数据分析（data analysis）。本节将回顾这几条主线的主要发展脉络，并描述它们是如何与数据科学交汇的。当然，这里只是在提及重要的技术变革时才引入新的术语。我们将简单介绍每个新术语的含义，在本书的后续章节中也会时不时地回顾这些术语，并对其做更详细的解释。我们先从数据收集的历史入手，然后介绍数据分析，最后介绍数据科学的发展史。

1.1.1　数据收集简史

最早的记录数据的方法可能是在木棍上刻痕，用来记录日子的流逝，或者是在地上立个长杆，用测日影的方法来确定冬至和夏至。然而，随着书写技能的出现，人类记录自己在世界上的经历和事件的能力极大地提高了收集的数据量。最早的书写形式发展于公元前3200年左右的美索不达米亚，被用于保存商业记录。这种类型的记录保存了所谓的**事务数据**（transactional data）。事务数据包括事件信息，例如商品的销售、发货单、货物交付、信用卡支付、保险理赔等。**非事务数据**（nontransactional data），如人口数据，也有非常悠久的历史。最早的人口普查出现在公元前3000年左右法老时代的埃及。远古时代各国投入大量精力和资源用于大规模的数据收集行动，因为这些国家需要增加税收和军队，这也证明了本杰明·富兰克林的主张，即美国人的生命中只有两件事情是确定的：死亡和税收。

在过去的150年中，随着电子传感器的发展、数据的数字化和计算机的发明，导致收集和存储的数据量的量级急剧增加。数据收集和存储的一个里程碑出现在1970年，埃德加·弗兰克·科德（Edgar F.Codd）发表了一篇论文，解释了**关系数据模型**（relational data model），该模型在阐述数据库如何存储、索引及检索数据等方面具有革命性。关系数据模型允许用户使用简单的查询语言从数据库中提取数据，查询语句定义了什么是用户想要的数据，而无须过问数据的底层结构或数据的物理存储位置。Codd的论文为现代数据库和**结构化查询语言**（SQL）

的发展奠定了基础，SQL 是一种定义关系数据库查询的国际标准。关系数据库将数据存储在二维表中，每行代表一个数据实例，而每列代表一个属性。这种结构非常适合存储数据，因为关系数据可天然分解为属性集。

数据库是天然可用于存储和检索结构化事务或**操作数据**（operational data，即由公司的日常操作生成的数据）的技术。然而，随着公司规模越来越大，自动化程度越来越高，公司不同部门产生的数据的数量和种类也急剧增加。到了 20 世纪 90 年代，很多公司意识到，虽然它们正在积累大量的数据，但在分析这些数据时却屡屡碰壁。问题的部分原因是企业数据通常存储在一个组织内的多个独立数据库中，另外，数据库被专门优化过后用于数据的存储和检索，数据库活动特征表现为包含大量的简单操作，如 SELECT、INSERT、UPDATE 和 DELETE。为了分析数据，这些公司需要用到能够汇集和融合来自不同数据库数据的技术，并使之有效地服务于更复杂的数据分析操作。这种业务挑战导致了数据仓库的发展。在数据仓库中，数据从整个组织中获取并集成，从而提供可用于分析的更全面的数据集。

在过去的几十年里，电子设备已经变得移动化和网络化，现在，许多人每天花费很多时间在在线使用社交网络、电脑游戏、媒体平台和 Web 搜索引擎上。技术与生活方式的变革对收集数据量级的变化产生了巨大的影响。据估计，自书写技能发明以来到 2003 年，这 5000 年中收集的数据量约为 5E（Exabyte）字节。而自 2013 年以来，人类*每天*都生成和存储与过去 5000 年产生的相同量级的数据。然而，不仅收集的数据量急剧增加，数据的种类也急剧增加。只需考虑以下在线数据源：电子邮件、博客、照片、tweet、收藏、共享、Web 搜索、视频上传、在线购买、播客，就足以让人头疼。再考虑与这些事件相关的元数据（描述原始数据结构和属性的数据），此时读者应该对术语"*大数据*"有深刻的理解了。大数据通常用三个 V 来定义：*数据量*（Volume）、*数据类型的多样性*（Variety）以及*处理数据的速度*（Velocity）。

　　大数据的出现推动了一系列新的数据库技术的发展。新一代的数据库通常称为" NoSQL 数据库"。通常它们具有比传统关系数据库更简单的数据模型。NoSQL 数据库使用 JSON（JavaScript Object Notation）等对象标记语言将数据存储为具有属性的对象。使用数据的对象表示（与基于关系表的模型不同）的优点是，每个对象的属性集都封装在对象中，这是一种非常灵活的表示。例如，数据库中的某个对象与其他对象相比，可能前者只是后者的一个属性子集。与之相反，在关系数据库中使用标准的表格结构，所有数据实例都必须具有相同的属性集（列）。在对象表示方面的这种灵活性对于数据不能自然分解为一组结构化属性的情况来说非常重要。例如，很难定义应该用来表示自由文本（如 tweet）或图像的一组属性。然而，尽管这种表示灵活性允许我们捕获和存储各种格式的数据，但是在可以对这些数据进行任何分析之前，这些数据仍然必须被抽取成结构化格式。

大数据的存在也导致了新的数据处理框架的发展。当高速处理大量数据时，从计算和响应速度的角度来看，应将数据分布在多台服务器上，在每台服务器的数据子集上执行查询，然后合并这些处理结果，这种处理模式非常有效。这也是 Hadoop 的 MapReduce 框架采用的方法。在 MapReduce 框架中，数据和查询被映射到（或分布到）多台服务器上，然后在每台服务器上计算某个数据子集的处理结果，再将这些结果合并。

1.1.2　数据分析简史

统计是用于处理数据收集和分析的科学分支。术语**统计**（Statistics）原本是指收集和分析与国家相关的数据，诸如人口数据或经济数据。然而随着时代的发展，统计分析被应用到更广泛的领域，到今天统计被用于分析各种类型的数据。就**描述性**（descriptive）或**摘要性**（summary）统计（包括集中趋势度量，如算术平均值，或变化的度量，如极差）而言，数据统计分析最简单的形式是计算数据集摘要。然而，在 17 和 18 世纪，吉罗拉莫·卡尔达诺（Gerolamo Cardano）、布莱士·帕斯卡（Blaise Pascal）、各布·伯努利（Jakob Bernoulli）、亚伯拉罕·棣莫弗（Abraham de Moivre）、托马斯·贝叶斯（Thomas

Bayes）和理查德·普莱斯（Richard Price）等人的工作为概率论奠定了基础，到了19世纪，许多统计学家开始使用概率分布作为他们分析工具的一部分。数学领域的这些新突破使统计学家们能够超越简单的描述性统计，开始进行统计学习（statistical learning）。皮埃尔西蒙·拉普拉斯（Pierre Simon de Laplace）和卡尔·弗里德里希·高斯（Carl Friedrich Gauss）是19世纪最重要最著名的数学家，他们都为统计学习和现代数据科学做出了杰出的贡献。拉普拉斯受贝叶斯和普莱斯的数学直觉的启发，提出了现在我们称为贝叶斯公式（Bayes' Rule）的第一个版本。高斯在寻找失踪的谷神星时，发明了最小二乘法（least square），这使得我们能够找到最佳拟合数据集的模型，该方法能最小化模型预测值与实例目标属性（target attribute）值误差的平方和。最小二乘法为线性回归（linear regression）和逻辑回归（logistic regression）等统计学习方法以及人工智能中人工神经网络（artificial neural network）模型的发展奠定了基础（我们将在第4章中详细介绍最小二乘法、回归分析和神经网络）。

1780年至1820年间，在拉普拉斯和高斯为统计学习做出贡献的同时，一位名叫威廉·普莱费尔（William Playfair）的苏格兰工程师发明了统计制图法，为现代数据可视化（data visualization）和探索性数据分析（exploratory data analysis）奠定了基础。普莱费尔发明了用于时间序列数据的折线图和面积图，柱状图用于描述不同类别的数量之间的比较，饼状图用于描述隶属同一组的多个数值的比例。数据可视化的优点在于，它允许我们使用强大的可视化能力来总结、比较和解释数据。不可否认的是，大型（海量数据实例）或复杂（多个属性）数据集难以可视化，但数据可视化仍然是数据科学的重要组成部分。尤其是，它有助于帮助数据科学家探索和理解正在使用的数据。可视化对于传达数据科学项目的结果也很有用。自普莱费尔时代以来，数据可视化图表的多样性稳步增长。目前，新的高维大数据集的可视化方法的开发也处于研究之中。最近的一个发展是t-分布随机邻域嵌入（t-distributed stochastic neighbor embedding，t-SNE）算法，它是一种将高维数据下降到二维或三维的实用技术，有助于这些数据的可视化。

　　概率论和统计学的发展一直持续到 20 世纪。卡尔·皮尔逊（Karl Pearson）推动了现代假设检验（hypothesis testing）的发展，R. A. Fisher 推动了多元分析（multivariate analysis）统计方法的发展，并将极大似然估计（maximum likelihood estimate）的思想引入统计推断，作为根据事件的相对概率得出结论的一种方法。阿兰·图灵（Alan Turing）在第二次世界大战期间的工作促进了电子计算机的发明，这对统计学产生了巨大的影响，因为它能够支持更多更复杂的统计计算。在 20 世纪 40 年代及之后的几十年中，许多重要的计算模型被开发出来，目前它们仍然广泛应用于数据科学之中。1943 年，沃伦·麦卡洛克（Warren McCulloch）和沃尔特·皮茨（Walter Pitts）提出了第一个神经网络数学模型。1948 年，克劳德·香农（Claude Shannon）出版了《A Mathematical Theory of Communication》，并由此创立了信息论（information theory）。1951 年，伊夫林·菲克斯（Evelyn Fix）和约瑟夫·霍奇（Joseph Hodges）提出了一个判别分析（discriminatory analysis）模型（现在称为分类（classification）或模式识别（pattern-recognition）问题），该模型成为现代最近邻（nearest-neighbor）模型的基础。二战后的这些发展最终在 1956 年达特茅斯学院的一个建立人工智能（artificial intelligence）领域研讨会上达到高峰。即使是在人工智能发展的早期阶段，"机器学习"（machine learning）一词也开始用来描述能够让计算机自动从数据中学习的程序。在 20 世纪 60 年代中期，机器学习领域出现了三个里程碑。1965 年，尼尔斯·尼尔森（Nils Nilsson）的《Learning Machines》一书展示了神经网络如何用于学习线性模型及分类。次年，即 1966 年，Earl B.Hunt、Janet Marin 与 Philip J.Stone 开发了概念学习（concept learning）系统框架，这是一个重要的机器学习算法族的前身，该算法族引入了具有自上而下数据处理范式的决策树（decision tree）模型。大约在同一时间，一些独立的研究人员发明并发布了早期版本的 k- 均值聚类算法（k-means clustering algorithm），k- 均值算法是目前用于数据（客户）分组的标准算法。

机器学习领域是现代数据科学的核心，因为它提供了能够自动分析大型数据集以抽取潜在有趣且有用的模式的算法。机器学习一直在不断发展和创新。这些重要的发展包括其中使用一组（或多个）模型进行预测的**集成模型**（ensemble model），以及具有多个（即三个以上）神经元层的**深度神经网络**（deep-learning neural network）。这种更深的神经网络能够发现和学习复杂的属性表示（由早期神经元层处理过的多个交互输入属性组成），从而使神经网络能够学习归纳输入数据的模式。由于其具备学习复杂属性的能力，深度神经网络特别适合于高维数据，因此给许多领域带来了巨大改革，包括机器视觉（machine vision）和自然语言处理（natural-language processing）。

正如在数据库历史回顾中所讨论的那样，在 20 世纪 70 年代初，埃德加·弗兰克·科德的关系数据模型标志着现代数据库技术的开端，随后数据生产和存储的爆炸式发展，导致了 20 世纪 90 年代的数据仓库的发展，到最近又出现了大数据。然而，在大数据出现以前，事实上可以追溯至 20 世纪 80 年代末和 90 年代初，研究领域中专门针对大数据集进行分析的需求已经出现。与此同时，**数据挖掘**一词也开始在数据库社区使用。正如前面讨论过的，数据仓库的开发是对该需求的一个回应。然而，其他的数据库研究者基于其他领域的研究也做出了不同的回应。1989 年，Gregory Piatetsky Shapiro 组织了第一次关于**数据库知识发现**（Knowledge Discovery in Database，KDD）

的研讨会。第一个 KDD 研讨会的公告总结了研讨会是如何侧重于分析大型数据库问题的多学科方法的：

> 数据库知识发现带来了许多有意思的问题，尤其是当数据库很大时。这些数据库通常伴随着大量与之相关的领域知识，这些知识可以极大地促进知识发现。访问大型数据库的成本很高，因此需要使用抽样和其他统计方法。最后，数据库知识发现可以从多个不同领域的工具和技术中受益，这些领域包括专家系统（expert system）、机器学习、智能数据库（intelligent database）、知识获取及统计学。⊖

事实上，数据库中的知识发现（KDD）和数据挖掘这两个术语描述的是同一个概念，区别在于数据挖掘在商业界流行，而 KDD 在学术届更普及。如今，这两个术语经常互换使用，⊜许多顶级学术会议也会同时使用它们。事实上，该领域最主要的学术会议是"International Conference on Knowledge Discovery and Data Mining"。

1.1.3 数据科学的产生与发展

20 世纪 90 年代末，在讨论统计学家是否需要与计算机科

⊖ 摘自 1989 年为 KDD 研讨会发出的参与号召。
⊜ 一些实践者通过将数据挖掘视为 KDD 的子领域或 KDD 的特定方法来区分数据挖掘和 KDD。

学家一道为大型数据集的计算分析引入数学般严谨性的问题时，*数据科学*一词进入了人们的视线。1997 年，C.F.Jeff Wu 的公开演讲"Statistics = Data Science？"强调了一些有前景的统计学趋势，包括大规模数据库中大型/复杂数据集的可用性，以及可计算的算法和模型被越来越多地使用。他在演讲结束时呼吁将统计学更名为"数据科学"。

2001 年，威廉·S. 克利夫兰（William S.Cleveland）发表了一项行动计划，计划在大学中创建一个数据科学方向的院系（Cleveland，2001）。该计划强调了数据科学将成为数学和计算机科学之间的桥梁，还强调了需要将数据科学理解为一门交叉学科，并让数据科学家学会如何与业务专家接触和工作。同年，利奥·布雷曼（Leo Breiman）出版了《Statistical Modeling: The Two Cultures》（2001 年）。在该书中，布雷曼将传统的统计方法描述为一种数据建模文化，它将数据分析的主要目标视为识别（隐藏的）随机数据模型（如线性回归），以解释数据是如何生成的。他将这种文化与侧重于使用计算机算法创建准确预测模型（而不是解释如何生成数据）的建模算法文化进行了对比。布雷曼认为统计侧重于能解释数据的模型，而算法侧重于能准确预测数据的模型，这突出了统计学家和机器学习研究人员之间的关键区别。这些方法之间的争论仍在统计学中持续着（例如，Shmueli 2010）。一般来说，现在大多数数据科学项目更接近建立精确预测模型的机器学习方法，而不太关心统计学关注的重点——是否能够解释数据。因此，尽管数据科学在统计学讨论话题中占据了主导地位，并且仍然从统计学中借用方法和模型，但随着时间的推移，它发展出了自己独特的数据分析方法。

自 2001 年以来，数据科学的概念已经远远超出了对统计学的重新定义。例如，在过去的 10 年中，在线活动（在线零售、社交媒体和在线娱乐）产生的数据量有了巨大增长。收集和准备这些数据用于数据科学项目已经向数据科学家提出了掌握编程技术和黑客技能的要求，以便从外部 Web 源中获取、合并和清洗数据（有时是非结构化数据）。此外，大数据的出现意味着数据科学家必须掌握大数据技术，如 Hadoop。事实上，如今数据科学家的角色已经变得非常宽泛了，以致围绕数据科学家这一角色需要哪些专业知识和技能展开了大量的争论⊖。然而，列出大多数人都赞同的与此角色相关的专业知识和技能还是可能的，如图 1-1 所示。一个人很难掌握所有这些领域，而且，事实上大多数数据科学家通常只能精通某个子集。然而，了解并知道每个领域对数据科学项目的贡献是很重要的。

数据科学家也应掌握一些领域知识。大多数数据科学项目都是从一个现实的、特定领域的问题开始的，并且需要为这个问题设计一个数据驱动的解决方案。因此，对于数据科学家来

⊖ 最近关于这场争论的回顾，请参考 Battle of the Data Science Venn Diagrams (Taylor 2016)。

说，拥有足够的领域专业知识是很重要的，以便他们能够理解
手头问题，为什么这个问题很重要，以及数据科学解决方案如
何适合组织的流程。这个领域的专业知识可以在数据科学家确
定优化解决方案的过程中给予指导。当数据科学家致力于确定
一个优化的解决方案时，该领域的专业知识将能为他提供指引，
还能使他以一种有意义的方式与真正的领域专家接触，以便他
能够迂回地了解与潜在问题有关的知识。此外，拥有一些项目
领域的经验能使数据科学家在相同和相关领域中从事类似项目
时，更轻松地应对项目的重点和范围的定义。

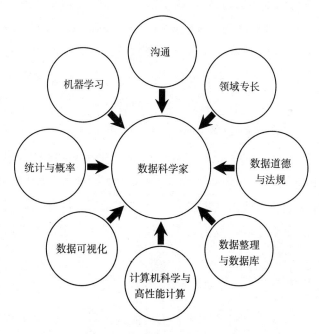

图 1-1　数据科学家必备技能

数据是所有数据科学项目的核心。然而，一个组织可以访问数据并不意味着可以合法地或者能符合道德规范地使用数据。在大多数司法管辖区，都有反歧视和个人数据保护法规来监管和控制数据的使用。因此，数据科学家需要了解这些法规，更宽泛地说，如果要合法和适当地使用数据，还需要从数据道德角度理解其工作的含义。我们将在第 6 章继续探讨这个话题，讨论数据使用的法律法规以及与数据科学相关的道德问题。

在大多数组织中，很大一部分数据来自自有数据库。此外，随着组织数据架构的演化，数据科学项目将开始合并多种来自其他数据源（通常称为"大数据源"（big-data source））的数据。这些数据源中的数据存储格式各异，通常是某种形式的关系数据库、NoSQL 或 Hadoop 中的数据。这些不同数据库和数据源中的数据都需要进行集成、清洗、转换、规范化等。这些任务有许多名称，例如抽取（extraction）、转换（transformation）、加载（load），以及一些类似的术语" data munging""data wrangling""data fusion""data crunching"等。与源数据类似，数据科学活动生成的数据也需要存储和管理。同样，数据库也是这些活动生成的数据的常规存储位置，因为它们可以很容易地分发并与组织的不同部门共享。因此，数据科学家需要具备与数据库中的数据进行交互和操作的技能。

一系列计算机科学技能和工具使数据科学家能够处理大数据，并将其处理成新的、有意义的信息。高性能计算（High-

Performance Computing，HPC）包括聚合计算能力，以提供比单台计算机所能获得的更高的性能。许多数据科学项目使用非常大的数据集和计算成本很高的机器学习算法。在这些情况下，拥有访问和使用 HPC 资源所需的技能非常重要。除了 HPC，我们已经提到了数据科学家需要能够抓取、清洗和集成 Web 数据，以及处理非结构化文本和图像数据。此外，数据科学家最终还可能要编写内部应用程序来执行特定任务，或者修改现有应用程序以适配正在处理的数据和业务领域。最后，还需要具备必要的计算机科学技能来理解和开发机器学习模型并将它们整合到企业的生产、分析或后端应用中去。

　　以图形的形式展示数据可以更容易地看出和理解数据及其变化。数据可视化可应用于数据科学生命周期的所有阶段。当以表格形式检查数据时，很容易就会遗漏一些事情，例如分布中的异常值或趋势，或者数据随时间的微妙变化。然而，当数据以正确的图形的形式呈现时，这些方面的东西会被瞬间展示出来。数据可视化是一个重要且不断发展的领域，这里向读者推荐两本著作：爱德华·塔夫特（Edward Tufte, 2001）的《The Visual Display of Quantitative Information》，以及斯蒂芬·费尤（Stephen Few, 2012）的《Show Me the Numbers: Designing Tables and Graphs to Enlighten》，它们是对高效数据可视化原理和技术的最佳介绍。

　　在整个数据科学过程中，从数据的最初采集和探索到项目期间不同模型的产出以及对分析结果的比较，都采用了统计和概率分析的方法。机器学习包括使用各种先进的统计和计算技术来处理数据以找到正确的模式。参与机器学习应用的数据科学家不必亲自从头开始编写机器学习算法。通过理解机器学习算法、知道它们可用于做什么、明白它们生成的结果意味着什么，以及何种算法适应的特定数据类型，数据科学家可以将机器学习算法视为一个黑盒。这能使数据科学家专注于数据科学的应用，并测试各种机器学习算法，以了解哪种算法最适合他关注的场景和数据。

最后，成为一名成功的数据科学家的一个关键因素是能够围绕数据"讲故事"。这个故事可能揭示了数据分析的深刻见解，或者项目期间创建的模型如何适配组织的流程，以及它们对组织功能可能产生的影响。开展一个大而全的数据科学项目是没有意义的，除非它的输出是有用的，并且能被非技术人员理解和信任。

1.2 数据科学用于何处

数据科学驱动决策在现代社会几乎随处可见。在本节中，我们将介绍三个案例研究，用来描述数据科学的影响：消费型公司使用数据科学进行销售和营销；政府使用数据科学改善医疗、刑事判案和城市规划；而已获取专业体育特许经营权的商业机构则使用数据科学招募球员。

1.2.1　销售和营销中的数据科学

沃尔玛可以通过销售终端系统跟踪沃尔玛网站上的客户行为以及有关沃尔玛及其产品的社交媒体评论，获取关于其客户偏好的大型数据集。10 多年来，沃尔玛一直在利用数据科学来优化商店的库存水平，一个众所周知的例子是，根据对几周前飓风袭击之前的销售数据的分析，2004 年，沃尔玛在飓风 Francis 路径上的商店重新进货草莓派。最近，沃尔玛在分析社交媒体趋势的基础上推出新产品，分析信用卡活动，向客户推荐产品，优化及个性化客户在沃尔玛网站上的在线体验，利用数据科学推动其零售收入。沃尔玛将在线销售增长的 10% 至 15% 都归功于数据科学优化（Dezyre 2015）。

在网络世界中，提供类似追加销售和交叉销售功能的是"推荐系统"。如果读者在 Netflix 上观看过电影或者在 Amazon 上购买过物品，就会知道这些网站使用收集来的数据为接下来应该观看或购买的内容提供建议。这些推荐系统可以用不同的方式来引导你：一些引导你走向大片和畅销书，另一些则引导你走向特定的迎合你品味偏好的商品。克里斯·安德森（Chris Anderson）的《长尾》（2008）一书认为，随着生产和分销成本的降低，市场从大量销售热门商品转向集中高收益商品。推动热销产品还是高收益产品销售之间的权衡是推荐系统的一个基本设计决策，也影响对实现这些系统的数据科学算法的采用。

1.2.2　数据科学在政府中的应用

近年来，各国政府意识到数据科学的优势。例如，2015 年，美国政府任命 D.J. 帕蒂尔（D.J.Patil）博士为第一任首席数据科学家。美国政府领导的一些最大规模的数据科学计划已经在健康领域开展。数据科学是癌症攻坚计划（Cancer Moonshot）[⊖]和精准医疗计划（Precision Medicine Initiatives）的核心。精准医疗的理念是将人类基因组测序和数据科学结合起来，为单个患者设计药物。该计划的一部分是"全民计划"（All of Us Program）[⊜]，其中计划收集 100 多万名志愿者的环境、生活方式和生物数据，用以创建世界上最大的精准医学数据集。数据科学还能用于城市组织方式的改革：它被用来跟踪、分析和控制环境、能源和运输系统，并为长期的城市规划提供数据信息（Kitchin 2014a）。我们将在第 7 章继续讨论健康和智慧城市，讨论未来几十年数据科学将如何在我们的生活中变得更加重要。

美国政府的"警察数据计划"（Police Data Initiative）[⊛]侧重于利用数据科学帮助警察部门了解其管辖社区的需求。数据科学也被用来预测犯罪热点和哪些人会成为惯犯。然而，民权组

[⊖] 更多关于癌症攻坚计划的信息，请参考 https://www.cancer.gov/research/key-initiatives。

[⊜] 更多关于精准医疗计划及全民计划的信息，请参考 https://allofus.nih.gov。

[⊛] 更多关于警务数据计划的信息，请参考 https://www.policedatainitiative.org。

织批评了数据科学在刑事司法中的一些应用。我们将在第 6 章中讨论数据科学引出的隐私和道德问题，其中一个有趣的因素是，人们对个人隐私和数据科学的看法因领域而异。许多乐于将个人数据用于公共资助的医疗研究中的人在使用个人数据进行治安和刑事司法方面有着不同的看法。在第 6 章中，我们还将讨论个人数据和数据科学在确定生活、健康、汽车、家庭和旅行保险费用等领域中的应用。

1.2.3　数据科学在竞技体育中的应用

由布拉德皮特主演的电影《点球成金》（Moneyball，Bennett Miller，2011），展示了数据科学在现代体育中越来越广泛的应用。这部电影是根据同名小说（Lewis 2004）改编的，书中叙述了 Oakland A's 的棒球队如何利用数据科学提高球员招募成功率的真实故事。该团队的管理层认为，与棒球传统上强调的数据（如球员的安打率（batting average））相比，球员的上垒率（on-base percentage）和长打率（slugging percentage）统计数据更能揭示与进攻成功相关的信息。这一远见卓识使 Oakland A's 能够招募到被低估的球员，减少了球队的薪资预算。Oakland A's 在数据科学方面的成功使棒球发生了革命性的变化，现在大多数棒球队都将类似的数据驱动策略整合到了他们的招聘过程中。

成功的关键是获取正确的
数据并找到正确的属性。

　　Moneyball 的故事是一个显而易见的例子，表明了数据科学如何在竞争激烈的市场中为组织提供竞争优势。然而，从纯数据科学的角度来看，也许最重要的一点是，它强调了有时数据科学的主要价值是识别信息含量高的属性。有一个共识，即数据科学的价值在于通过数据科学过程创建的模型。然而，一旦我们知道了一个领域的重要属性，就很容易创建数据驱动的模型，而成功的关键是获取正确的数据并找到正确的属性。在《 Freakonomics: A Rogue Economist Explores the Hidden Side of Everything 》一书中，史蒂文·D·莱维特（Steven D. Levitt）和史蒂芬·杜伯纳（Stephen Dubner）阐明了这一判断对于解决各种问题有多么重要。正如他们所说，理解现代生活的关键是"知道测量什么以及如何测量"（2009，14）。利用数据科学，我们可以发现数据集中的重要模式，这些模式可以揭示领域中的重要属性。数据科学可以应用在多个领域，其原因是：如果可以获取正确的数据，并且明确定义问题，那么数据科学就可以提供帮助。

1.3　为什么是现在

　　多个因素促成了当今数据科学的发展。正如前面提到的那样，大数据的出现是由组织采集数据的相对容易所导致的。无论是通过销售终端交易记录、在线平台上的点击、社交媒体帖子、智能手机上的应用程序，还是无数其他渠道，公司现在都可以建立更加丰富的用户画像。另一个因素是数据存储在规模经济时代的商品化，使得存储数据的成本比以往任何时候都要低。计算机能力也有了巨大的提升。图形处理器（GPU）最初是为实现计算机游戏的快速图形渲染而开发的。GPU 的特点是能够实现快速矩阵乘法。然而，矩阵乘法不仅对图形绘制有用，对机器学习也很有用。近年来，GPU 已被调整和优化以适用于机器学习，这有助于加快在数据处理和模型训练方面的速度。用户友好的数据科学工具也变得唾手可得，降低了进入数据科学的门槛。综上所述，这些发展意味着采集、存储和处理数据变得前所未有的简单。

在过去的 10 年中，机器学习也取得了重大进展，特别是深度学习的出现，它已经彻底改变了计算机处理自然语言和图像数据的方式。*深度学习*（deep learning）一词描述了具有多个神经元层的一系列神经网络模型。神经网络从 20 世纪 40 年代就已经存在了，但它们在拥有大型、复杂的数据集时才能发挥最大作用，并且需要大量的计算资源来进行训练。因此，深度学习的出现与大数据和计算能力的爆发性增长有关。可以毫不夸张地说，深度学习对多个领域产生了非同一般的影响。

DeepMind 的 AlphaGo ⊖程序就是一个很好的例子，它说明了深度学习如何改变了一个研究领域。围棋是起源于 3000 年

⊖ 更多关于 AlphaGo 的信息，请参考 https://deepmind.com/research/alphago。

前的中国棋类游戏。围棋的规则比国际象棋简单得多：玩家轮流把棋子放在棋盘上，围捕对手的棋子或包围空旷的区域。然而，规则的简单性和更大的棋盘意味着在围棋中有着相对国际象棋来说更多可能的棋盘布局。事实上，比起宇宙中的原子数量而言，围棋有更多可能的棋盘布局。对于计算机来说，这比国际象棋要困难得多，因为它有更大的搜索空间，并且难以评估这些可能的棋盘布局。DeepMind 团队使用深度学习模型使 AlphaGo 能够评估棋盘布局并选择下一步要执行的操作。2016 年 3 月，AlphaGo 击败获得 18 次围棋世界冠军的韩国棋手李世石，最终成为第一个击败职业围棋选手的电脑程序。这场比赛在全世界有 2 亿多人观看。在 2009 年，世界上最好的围棋计算机程序的水平还在业余围棋高手之下；而 7 年后，AlphaGo 击败了世界冠军。这一事实足以让我们更好地理解深度学习对围棋的影响。2016 年，一篇描述 AlphaGo 背后的深度学习算法的文章发表在世界最著名的学术科学杂志《nature》上。（Silver、Huang、Maddison，等 2016）。

深度学习也对一系列高端下游技术产生了巨大影响。Facebook 现在使用深度学习来识别人脸和分析文本，以便根据个人的在线对话直接进行精准的广告投放。谷歌和百度都在图像识别、字幕抽取和搜索，以及机器翻译方面使用深度学习。苹果的虚拟助手 Siri、亚马逊的 Alexa、微软的 Cortana 和三星的 Bixby 也都使用基于深度学习的语音识别。华为目前正在为中国市场开发一个虚拟助手，它也将采用基于深度学习的语音识别技术。在第 4 章"机器学习"中，我们会更详细地描述神经网络和深度学习。然而，尽管深度学习是一项重要的技术发展，但就数据科学的发展而言，最重要的一点是，人们对数据科学的能力和优点的认识不断提高，而这些能力和优点是由那些备受瞩目的成功案例凸显出来的。

1.4 关于数据科学的神话

对于现代企业、组织结构来说，数据科学有很多独特的优势，但是它也有很多被夸大的地方，因此，我们需要准确理解数据科学存在的不足。关于数据科学的最大的神话是相信它是一个自主的过程，可以让数据自动去寻找问题的答案。事实上，数据科学的各个处理阶段都需要娴熟专家的介入。问题分解、解决方案设计、数据准备、选择最合适的机器学习算法、精准解释分析结果、根据分析结果采取必要的干预措施，这些环节都需要人类分析师的参与。没有人类专家的参与，数据科学项目无法达到预期。只有人类专家与计算机协同工作，数据科学才能产生最佳输出，正如戈登·林那夫（Gordon Linoff）和迈克·贝里（Michael Berry）所说的那样："数据挖掘让计算机尽其所能挖掘大量数据，当人类的专业知识和计算机能力协同工作时，数据科学的最佳成果就会出现。与此同时，人类也在做自己最擅长的事情：确定问题并了解数据科学输出结果。"（2011，3）

数据科学的应用领域越来越广泛，使用规模也越来越大，这意味着如今许多组织面临的最大的数据科学挑战是找到并雇佣合格的分析师。数据科学方面的人才非常珍贵，而寻找这种人才是当前数据科学应用的主要瓶颈之一。为了说明人才短缺的情况，麦肯锡全球研究所（McKinsey Global Institute）在2011 年的一份报告中预计，在美国，拥有数据科学和分析技能的人员将达 14 万至 19 万人，而拥有理解数据科学和分析流程能力的管理人员的缺口则高达 150 万，这些能力能让组织对数据科学项目进行适当的审计和解释（Manyika、Chui、Brown 等2011）。在 2016 年的报告中，该研究所仍然相信，数据科学在不断扩大的应用领域仍有着巨大的未开发价值潜力，但人才缺口将继续存在，预计短期内将有 25 万数据科学家缺口（Henke, Bughin, Chui, 等 2016）。

数据科学的第二大误区是，每个数据科学项目都需要大数据以及深度学习。一般来说，拥有更多的数据是很有帮助的，但是拥有**正确的**数据更重要。数据科学项目经常在多个组织中进行，在数据量和计算能力方面，一般组织的资源明显少于谷歌、百度或微软等巨头。小规模数据科学项目的例子包括：一家每月处理大约 100 个索赔的保险公司的索赔预测；一所少于10000 人的大学的学生退学预测；一个有数千人的工会的会员退学预测。因此，一个组织不需要处理 TB 级数据，也不需要拥有大量的计算资源就可从数据科学中获益。

第三个数据科学神话是现代的数据科学软件易于使用，因此数据科学很容易实施。的确，数据科学软件变得更加用户友好。然而，这种易用性掩盖了这样一个事实：正确地进行数据科学实践既需要适当的领域知识，也需要关于数据属性的专门知识，以及各种机器学习算法底层假设的支持。事实上，实施牵强附会的数据科学项目最简单不过了。就像生活中的其他事情一样，如果你不理解手头的数据科学项目到底在干什么，你就会犯错误。数据科学的危险之处在于人们可能迷信这项技术，相信软件给他们带来的任何结果。然而，他们可能无意中以错误的方式定义了问题，输入了错误的数据，或者使用了带有不恰当假设的分析技术。因此，软件给出的结果可能是错误问题的答案，或者是基于错误数据或错误计算的结果。

关于数据科学，我们想在这里提到的最后一个神话是，数据科学很快就能收回成本。这个信念的真实性取决于组织的背景。采用数据科学可能需要在开发数据基础设施和雇用具有数据科学专业背景的人员方面进行大量投资。此外，数据科学不会给每个项目带来积极的结果。有时数据中没有金矿只有砂砾，有时组织没有能力根据分析所揭示的洞察采取行动。然而，在存在众所周知的业务问题、适当的数据和专业团队的情况下，数据科学可以（经常）提供可操作的洞察力，并为组织提供成功所需的竞争优势。

第 2 章

什么是数据，什么是数据集

顾名思义，数据科学从根本上依赖于数据。在最基本的形式中，数据或信息片段是对现实世界实体（人、对象或事件）的抽象。术语变量、特征和属性常常可互换使用以表示单个抽象。每个实体通常由多个属性来描述。例如，一本书可能具有以下属性：作者、标题、主题、体裁、封面、出版商、价格、出版日期、字数、章节数、页数、版本、ISBN 等。

数据集包含了与一组实体相关的数据，每个实体用一组属性来描述。通常情况下，⊖ 数据集被组织成 $n*m$ 维数据矩阵，

⊖ 虽然许多数据集可以描述为扁平的 $n*m$ 矩阵，但在某些情况下，数据集更复杂。例如，如果一个数据集描述了多个属性随时间的演化，那么数据集中的每个时间点都将由一个扁平的 $n*m$ 二维矩阵表示，这些矩阵用来列举属性在那个时间点的状态，但是整个数据集将是三维的，其中时间用于链接二维快照。在这种情况下，张量（tensor）这个术语有时被用来将矩阵概念推广到更高的维度。

该矩阵也被称为分析记录（analytics record），其中 n 是实体（行）的数量，m 是属性（列）的数量。在数据科学中，术语数据集（data set）和分析记录常常可互换使用，分析记录是数据集的特定表示。表 2-1 是一个用于描述经典图书的数据集。表中的每一行代表一本书。术语实例（instance）、样例（example）、实体（entity）、对象（object）、案例（case）、个人（individual）和记录（record）在数据科学文献中特指数据集中的一行。因此，数据集包含一组实例，每个实例由一组属性描述。

数据集的构建是数据科学的前提。事实上，数据科学项目的大部分时间和精力都花在创建、清洗和更新数据集上。数据集通常通过合并来自多个不同数据源的信息来构建：数据可能必须从多个数据库、数据仓库或不同格式的计算机文件（例如电子表格或 csv 文件）中提取，或者从 Web 或社交媒体流中提取。

表 2-1　经典书籍数据集

ID	标题	作者	出版日期	封面	版本	价格
1	Emma	Austen	1815	Paperback	20th	$5.75
2	Dracula	Stoker	1897	Hardback	15th	$12.00
3	Ivanhoe	Scott	1820	Hardback	8th	$25.00
4	Kidnapped	Stevenson	1886	Paperback	11th	$5.00

表 2-1 数据集中列出了 4 本书。可忽略 ID 属性——它只是每一行的标签，因此对于分析是无关紧要的。每本书都用 6 个属性来描述：标题、作者、出版日期、封面、版本和价格。尽

管可以用更多的属性来描述书籍，但是，正如典型的数据科学项目，我们需要在设计数据集时对属性集做出选择。在这个例子中，本书的版面大小限制了可展示的属性数量。然而，在大多数数据科学项目中，收集哪些属性并采用哪些属性并没有特殊的制约，这与领域知识以及待解决的问题息息相关。在数据集中采用更多的属性必然要付出代价。首先，数据集中每个实例的属性信息的收集和质量检查，以及将这些数据集成到数据集中需要耗费额外的时间和精力。其次，包含不相关或冗余的属性会对执行数据分析的算法的性能产生负面影响。在数据集中包含太多属性会增加算法在数据中发现不相关或错误模式的概率，这些模式仅仅由于数据集中存在特定样本而呈显著性。如何选择正确的属性是所有数据科学项目面临的挑战，有时会反复试验过程，在每次迭代中检查使用不同属性子集获得的结果的质量。

属性有很多种类型，对每类属性采取不同的分析方法是合乎情理的。因此，理解和辨识不同类型的属性是数据科学家的基本技能。标准类型包括**数值**（numeric）类型、**标称**（nominal）类型和**有序**（ordinal）类型。数值类型属性描述的是使用整数或实数值表示的可测量数量。数值属性可以在**区间**（interval）刻度或**比例**（ratio）刻度上度量。区间属性用来度量任意原点及任意长度的区间，如日期和时间。对区间属性使用排序和减法操作是适当的，但是其他的算术操作（如乘法和除法）则不合适。

比例刻度与区间刻度类似，但是具有真正的原点。使用具有真实原点的比例刻度的一个结果是，可以将比例刻度上的一个值描述为另一个值的倍数（或比例）。温度是区分区间刻度和比例刻度$^{\ominus}$的一个非常好的例子。摄氏或华氏刻度上的温度是区间度量，因为这两个刻度上的 0 值都不表示零热量。因此，虽然我们可以计算这些刻度上的温度之间的差异，并比较这些差异，但我们不能说 20℃ 的温度是 10℃ 的两倍。相比之下，开尔文（Kelvins）温度是按比例进行度量的，因为 0 K（绝对零度）是所有热运动停止的温度。比例刻度的其他常见例子包括货币数量、体重、身高和试卷分数（比例 0 ～ 100）。在表 2-1 中，"出版日期"属性是区间刻度属性的示例，而"价值"属性是比例刻度属性的示例。

标称（也称为类别）属性从一个有限集合中取值，这些值是类别、类型或事物的状态的名称（因此被称为 nominal）。标称属性的例子包括婚姻状况（单身、已婚、离异）和啤酒类型（ale、pale ale、pils、porter、stout 等）。二元属性（binary attribute）是标称属性一个特例，此类属性只有两个值。例如，我们可能使用二元属性来描述垃圾邮件是垃圾邮件（true）还是非垃圾邮件（false），或者使用二元属性来描述吸烟者。标称属性不能对其执行排序或算术运算。注意，标称属性可以按字母顺序排序，但是按字母排序与常见的排序相比是不同的操作。

　　$\ominus$　该范例受到 Han、Kamber 和 Pei（2011）中的一个例子的启发。

在表 2-1 中，"作者"和"标题"是标称属性的示例。

有序属性与标称属性类似，不同之处在于可以对有序属性的值进行排序。例如，描述对调查问卷中问题的响应，有序属性的值可以取"极不喜欢""不喜欢""一般""喜欢"和"非常喜欢"等值。这些值有一个自然的顺序，从"极不喜欢"到"非常喜欢"（反之亦然，这取决于所使用的约定）。然而，有序属性数据的一个重要特征是这些值之间没有等距离的概念。例如，从认知角度上来看，"不喜欢"和"一般"之间的距离可能不同于"喜欢"和"非常喜欢"之间的距离。并不适合对有序属性值执行算术运算（例如求平均值）。在表 2-1 中，"版本"属性类型为有序属性。标称数据和有序数据的区别并不总是很清楚。例如，考虑一个描述天气的属性，该属性可以取值"晴天""雨天""阴天"。一个人可能认为这些属性为标称类型，属性值没有自然的顺序，而另一个人可能认为这些属性的值是有顺序的，而将"阴天"当作中间值，介于"晴天"和"雨天"之间（Hall、Witten和 Frank 2011）。

属性的数据类型（数值、标称、有序）极大影响我们对分析、理解数据的方法的选择，包括我们用来描述属性值分布的基本统计量以及更复杂的用来识别属性之间关联模式的算法。在最基础的分析中，数值属性允许执行算术运算，而应用于数值属性之上最典型的统计分析是度量集中趋势（利用属性的平均值）和属性值的离散度（利用方差（variance）或标准差

属性的数据类型（数值、标称、
有序）极大影响我们对分析、
理解数据的方法的选择。

（standard deviation）统计量）。然而，对标称属性或有序属性使用算术运算是没有意义的。因此，对这些类型的属性的基本分析包括统计数据集中每个值出现的频次，或者统计每个值出现的比例，或者同时统计这两个指标。

数据是通过对事物的抽象而生成的，所以任何数据都是人类决策和选择的结果。对于每个抽象，某人（或某些人）将会做出关于从什么中抽象以及在抽象表示中使用何种类型数据或度量的选择。这意味着，数据从来不是对世界的客观描述。相反，它们总蕴涵着偏袒和偏见。正如阿尔弗雷德·科尔兹布斯基（Alfred Korzybski）所观察到的："地图不是它所代表的领土，但如果地图是正确的，说明它的结构与它代表的领土相似，这就是地图有用的原因。"（1996，58）。

换句话说，数据科学中使用的数据并不是我们想要理解的真实世界中实体和过程的完美表示，但是，如果仔细地设计和收集要使用的数据，那么分析结果将会提供对现实世界问题的有用的洞察力。第 1 章中给出的《点球成金》的故事是一个很好的例子，说明了许多数据科学项目成功的决定因素是如何找出既定领域的正确抽象（属性集）。读者不妨回想一下，《点球成金》中 Oakland A's 队成功的关键在于它发现了，球员的上垒率和长打率比传统的棒球统计数据（如安打率）更能准确预测球员的进攻成功率。使用不同的属性来描述球员，给 Oakland A's 队的棒球运动提供了不同于其他球队的更好的模式，这使得它能

够识别出被低估的球员，并使用较小的预算与较大的特许公司
竞争。

《点球成金》这个故事印证了古老的计算机科学格言"garbage
in，garbage out"，这对数据科学来说是无比正确的：如果计算
过程的输入不正确，那么其输出也将不正确。的确，数据科学
的两个特点无论怎样强调都不为过：（1）为了让数据科学获得
成功，需要非常注意数据是如何创建的（就数据抽象设计及其数
据质量校验而言）；（2）我们还需要检查数据科学过程的输出结
果，也就是说，如果计算机在数据中识别出一种模式，并不意
味着它在尝试的过程中真正获得了某种洞察力；模式可能仅仅
反馈了我们在数据设计和捕获中的偏差。

2.1　关于数据的观点

除了数据类型（数值、标称和有序）之外，还可以对数据进
行一些其他的有用的分类。其中一种就是将数据分为**结构化数
据**（structured data）和**非结构化数据**（unstructured data）。结
构化数据是可以存储在表格中的数据，表格中的每个实例都具
有相同的结构（即属性集）。例如，考虑人口统计数据，表中的
每一行描述一个人，并且包含相同的人口统计属性集（姓名、年
龄、出生日期、地址、性别、教育水平、工作状态等）。结构化
数据很容易被存储、组织、搜索、重新排序，以及与其他结构

通常情况下，数据科学项目的真正价值是识别一个或多个重要的派生属性，这些属性为解决问题提供洞察力。

化数据合并。数据科学中处理结构化数据相对容易，因为根据定义，它已经是一种适合被集成到数据集中的格式。对于**非结构化数据**而言，数据集中的每个实例都可能具有自己的内部结构，而这种结构在每个实例中不一定相同。例如，想象一个网页数据集，每个网页都有自身的结构，但是这些结构之间可能均不相同。非结构化数据比结构化数据更常见。例如，人类产生的文本集（电子邮件、tweet、文本消息、帖子、小说等）可以看作非结构化数据，声音、图像、音乐、视频和多媒体文件的集合也可以看作非结构化数据。不同数据实例之间的结构差异意味着很难对原始形式的非结构化数据进行分析。通常我们可以使用人工智能技术（如自然语言处理和机器学习）、数字信号处理（digital signal processing）和计算机视觉技术从非结构化数据中提取结构化数据。然而，此类数据转换的实现和测试是非常昂贵和耗时的，并且会给数据科学项目增加大量的成本开销和时间延迟。

有时属性是对事件或对象的**原始**抽象，例如，一个人的身高、电子邮件的字数、房间的温度、事件发生的时间或位置。但是数据也可以从其他数据中**派生**出来。考虑公司的平均工资或一段时间内房间温度的变化。在这两个例子中，通过在原始数据（个人工资或温度记录）上运行某个函数，可以从原始数据集中导出想要的结果。通常情况下，数据科学项目的真正价值是识别一个或多个重要的派生属性，这些属性为解决问题提供洞察力。想象一下，如果试图更好地理解人群中的肥胖问题，一般来说会试图找出能表征该人为肥胖的那些属性。不妨从检查个体的原始属性着手，比如说他们的身高和体重，但在研究了一段时间后，可能最终会设计出一个更有用的派生属性，比如体重指数（BMI）。BMI 是一个人体重与身高的比值。如果意识到原始属性"体重"和"身高"之间的相互关系提供了更多关于肥胖的信息，它比两个被单独检查的属性更能帮助我们识别人群中肥胖风险较高的人。显然，BMI 是一个简单的例子，我们用它来说明派生属性的重要性。如果考虑使用多个派生属性，那么每个属性将涉及两个或可能更多的额外属性。正是在多个属性交互的上下文中，数据科学体现了它的优势，因为在某些情况下，算法可以从原始数据中自动推导出派生属性。

有两个与被收集的*原始数据*相关的术语：*被捕获数据*（captured data）和废气数据（exhaust data）（Kitchin 2014a）。*被捕获数据*是根据事前设计的数据收集方案直接测量或观察收集到的数据。例如，问卷调查和实验的主要目的是收集与某些感兴趣话题相关的数据。相比之下，*数据废气*是某个过程的副产品，该过程的主要目的不是获取数据。例如，许多社交媒体技术的主要目的是让用户与其他人建立联系。然而，对于每一个共享的图片、发布的博客、转发的 tweet 或点赞，都会生成一系列的数据废气：谁共享、谁查看、使用了什么设备、时间、多少人查看、点赞或转发，等等。类似的，Amazon 网站的主要目的是让用户从该网站购买商品。但是，每次购买都会生成大量的数据废气：用户将哪些商品放入他的购物篮，他在网站上停留了多长时间，他查看了哪些其他项目，等等。

有多种数据废气，最常见的是元数据，即描述其他数据的数据。当爱德华·斯诺登（Edward Snowden）公布有关美国国家安全局（US National Security Agency）的监视项目"棱镜"（PRISM）的文件时，他透露，该机构正在收集大量关于人们通话的元数据。这意味着该机构实际上并没有记录人们的电话内容（它并没有窃听），而是收集与通话相关的数据，例如通话的时间、接听方、通话时长等（Pomerantz 2015）。这种类型的数据收集看起来可能并不凶险，但斯坦福大学的MetaPhone课题研究报告认为某些类型的电话元数据可以导致个人敏感信息的泄露（Mayer 和 Mutchler 2014）。许多组织都有非常具体的目的，基于这一事实使得根据一个人打给这些组织的电话来推断他的隐私信息变得相对容易。例如，MetaPhone课题研究中的一些目标人物打电话给戒酒互助会（Alcoholics Anonymous）、离婚律师和专门从事性传播疾病的诊所。通话模式也可以揭示一些问题。该研究中的模式分析阐述了通话模式是如何揭示潜在的高度敏感信息的：

> 参与者A与当地多个神经病学小组、一家专业药房、一家罕见疾病管理服务机构以及一家专门治疗复发性多发性硬化症的药物热线进行了通话。而在三周的观

察周期内，参与者 D 联系了家装商店、锁匠、水栽培服务商和一家迷幻药商店（Mayer 和 Mutchler 2014）。

数据科学传统上关注的是被捕获数据。但是，正如 MetaPhone 研究所揭示的，数据废气可以用来产生针对各种隐情的洞察力。近年来，数据废气变得越来越有用，特别是在有客户参与的领域，不同数据废气集合之间的融合有可能为企业提供更丰富的客户个人隐私信息，从而使企业能够将其服务和营销目标精准定位到具体的客户群体。事实上，推动当今商业数据科学增长的因素之一就是对数据废气价值的认识，以及数据科学为商业释放这种价值的潜力。

2.2　数据可以积累，而智慧不能

数据科学的目标是利用数据来获得洞察力和理解力。圣经敦促我们通过寻求智慧来获得理解力："智慧是最重要的，因此要获得智慧，并尽你所能获得正见。"（箴言 4:7 [King James]）。这个建议是合理的，但它回避了一个问题，那就是一个人应该怎样去寻求智慧。艾略特（T. S. Eliot）的诗歌《Choruses from The Rock》中的几行描述了智慧、知识和信息的层次结构，如下所示：

我们在知识中失去的智慧在哪里？

我们在信息中丢失的知识又在哪里？

（艾略特 1934, 96）

　　艾略特的层次结构反映了智慧、知识、信息和数据之间的结构关系的标准模型，即 DIKW 金字塔（参考图 2-1）。在 DIKW 金字塔中，数据低于信息，信息低于知识，知识低于智慧。虽然大家对层次结构中各层的顺序的认知通常是一致的，但是对各层之间的区别以及从一层移动到另一层所需要进行的处理经常是有争议的。不过一般都要遵循以下准则：

图 2-1　DIKW 金字塔（根据 Kitchin 2014a 修改）

▲ 数据是根据对现实世界的抽象或测量而创建的。

▲ 信息是经过处理、结构化、附加上下文解释的数据，因此它对人类来说是有意义的。

▲ 知识是人类已经解释和理解的信息，以便在必要时根据它采取行动。

▲ 智慧则是根据知识适时采取行动。

数据科学处理流程中的各种活动也可以用类似的金字塔层次结构来表示，其中金字塔的宽度表示在每个层次要处理的数据量，并且金字塔中的层级越高，活动的结果用于决策的信息量就越大。图 2-2 描述了数据科学活动的层次结构，包括数据捕获和生成、数据预处理和聚合（aggregation）、数据理解和探索、基于机器学习的模式发现和模型构建，以及在业务上下文中部署数据驱动的模型以支持决策。

2.3　CRISP-DM

为了帮助人们勇攀数据科学金字塔，很多人或公司提出了他们认为的最佳的数据科学处理流程。最常用的流程为"跨行业标准数据挖掘流程"（Cross Industry Standard Process for Data Mining，CRISP-DM）。事实上，多年来，CRISP-DM 一直稳居各种行业调查第一名。 CRISP-DM 的主要优势，也是它被广泛使用的原因，其关键在于它被设计成独立于任何软件、供应商或数据分析技术。

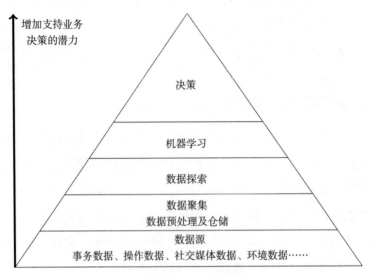

图 2-2　数据科学金字塔（根据 Han、Kamber、Pei 2011 修改）

CRISP-DM 最初是由一个由领先的数据科学供应商、终端用户、咨询公司和研究人员组成的联盟开发的。CRISP-DM 项目最初由欧盟委员会（European Commission）在 ESPRIT 项目中提供了部分资助，该流程在 1999 年的一次研讨会上被首次提出。从那时起，许多人尝试更新这个流程，但是最初的版本目前仍然广为使用。多年来，CRISP-DM 有一个专门的网站，但近年来这个网站已经废弃，有时你可能会被 IBM 重定向到 SPSS 网站，IBM 也是该项目的最初资助者之一。最初，联盟发布了一个详细的（76 页）但可读性很高的指南，可以在线免费获取该文档（参考 Chapman 等 1999），其中的几页对该流程的结构和主要任务进行了摘要。

CRISP-DM 生命周期包括六个阶段：*业务理解*（business understanding）、*数据理解*（data understanding）、*数据准备*（data preparation）、*建模*（modeling）、*评估*（evaluation）和*部署*（deployment），如图 2-3 所示。数据是所有数据科学活动的核心，这就是 CRISP-DM 图以数据为中心的原因。阶段之间的箭头表示该流程的典型方向。这个过程是半结构化的，这意味着数据科学家并不总是以线性方式顺序经过这六个阶段。根据特定阶段的结果，数据科学家可以回到前面的某个阶段，重新执行当前阶段的活动，或继续进入下一阶段。

在前两个阶段，即业务理解和数据理解阶段，数据科学家试图通过了解业务需求和业务可用的数据来定义项目的目标。在项目的早期阶段，数据科学家通常会在关注业务和探索可用数据之间进行迭代。此轮迭代通常涉及业务问题的识别，然后探索是否有适当的数据可用于开发针对该问题的数据驱动型的解决方案。如果有，项目可以继续；如果没有，数据科学家将不得不"越俎代庖"来确定待解决的问题。在项目的这个阶段，数据科学家将花费大量时间与业务部门（例如，销售、营销、运营部门）的同事面谈以了解业务问题，并与数据库管理员沟通以了解有哪些数据可用。

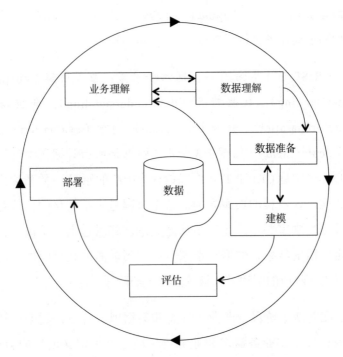

图 2-3　CRISP-DM 生命周期（基于 Chapman、Clinton 和 Kerber 等 1999 图 2）

一旦数据科学家明确定义了业务问题并且为适当的数据可用而感到高兴，然后他就会进入 CRISP-DM 的下一阶段：数据准备。数据准备阶段的重点是创建可用于数据分析的数据集。通常，创建此数据集涉及集成来自多个数据库的数据源，当组织机构具有数据仓库时，这种数据集成相对简单。创建数据集后，需要检查数据质量并修复有问题的数据。典型的数据质量问题包括异常值和缺失值。检查数据质量非常重要，因为数据中的错误会严重影响数据分析算法的性能。

CRISP-DM 的下一阶段是建模阶段。这是使用自动算法从数据中提取有用模式并对这些模式进行编码的阶段。在计算机科学领域，机器学习专注于此类算法的设计。在建模阶段，数据科学家通常会在数据集上使用多种机器学习算法并训练出多个模型。此时通过在数据集上运行机器学习算法来训练模型，以识别数据中的有用模式，对这些模式进行编码，其输出结果即模型。在某些情况下，机器学习算法训练出来的模型是模板化的，训练的目的是根据数据集拟合出最佳的模板参数（例如，基于数据集拟合线性回归或神经网络模型）。在其他情况下，机器学习算法以分段方式构建模型（例如，从树的根节点开始一次一个节点递归地创建决策树）。在大多数数据科学项目中，机器学习算法训练出来的模型会被部署到线上以帮助组织机构解决数据科学项目中的问题。每个模型由不同类型的机器学习算法训练出来，每个算法搜寻的模式也不尽相同。在项目的这个阶段，数据科学家通常不知道就手头数据集而言哪些模式是最好的，因此，在这种情况下，需要尝试使用多种不同的算法并检验哪种算法输出了最精准的模型。在第 4 章中，我们将更详细地介绍机器学习算法和模型，并解释如何构建测试计划来评估模型的准确性。

在大多数数据科学项目中，初始模型的测试结果就能揭示数据中的问题。当数据科学家发现模型的性能低于预期或模型的性能达到预期但真实性存疑时，数据错误有时会暴露出来。或者通过检查模型的结构，数据科学家可能会发现模型依赖的属性集并不是他所期望的，因此他重新访问数据以检查这些属性是否被正确编码。因此，一个项目在建模跟数据准备这两个阶段之间进行多轮迭代是很常见的。例如，丹·斯坦伯格（Dan Steinberg）和他的团队在一个报告中声称，在某个数据科学项目中，他们在6周的时间内重建了10次数据集，而在第5周，他们经历了多次数据清理和准备，并且发现了数据中的一个重大错误（Steinberg 2013）。如果没有识别并修复此错误，那么该项目不会成功。

在CRISP-DM中，评估和部署这两个最后的阶段侧重于研究模型如何适应业务及其流程。在建模阶段执行的测试更关注模型在数据集上的精度。评估阶段涉及在业务需求这个更广泛的上下文中评估模型。模型是否满足业务目标？如果模型不满足，是否有任何业务方面的原因？在此过程中，数据科学家对项目活动进行常规的质量保证（quality assurance）审查也是很有用的：是否遗漏了任何内容？可以做得更好吗？基于对模型的一般性评估，在评估阶段做出的主要决策是否应该在业务中部署任何模型，或者需要另一次CRISP-DM的迭代来创建适当的模型。假设评估过程有一个或多个模型通过验证，项目将进入流程的最后阶段：部署。部署阶段涉及确认如何将所选模型部署到业务环境中。这涉及规划如何将模型集成到组织的技术基础架构和业务流程中。最好的模型是无缝适应当前技术栈和业务流程的模型。适合当前实践的模型天然能获得用户的青睐，因为用户有明确定义的问题，这样的模型可以帮助他们解决问题。部署的另一个方面是制定计划以定期检查模型的性能。

CRISP-DM 图的外圈（图 2-3）突出显示了整个过程是如何迭代的。数据科学项目的迭代属性是这些项目的一个不可忽略的方面，而它在数据科学的讨论中最容易被忽视。在项目开发并部署模型之后，应定期检查模型，以检查模型是否仍符合业务需求并且尚未过时。数据驱动型模型可能过时的原因有很多种：业务需求可能已经改变；模型模拟的过程中获取的洞察力可能已经失效（例如，客户行为更改，垃圾邮件更改等）；或者模型使用的数据流可能已经发生改变（例如，提供数据给模型的传感器可能已经更新，并且新版本的传感器提供了略微不同的读数，导致模型不太准确）。模型审核的频率取决于业务生态系统和模型使用数据的变化速度，需要持续监控模型的效果以确定再次执行 CRISP-DM 的最佳时间。图 2-3 所示的 CRISP-DM 的外圈正好揭示了这个道理。例如，根据数据特性，业务问题和领域，你可能每年、每季度、每月、每周甚至每天都要经历此迭代过程。图 2-4 描述了数据科学项目过程的不同阶段以及每个阶段涉及的主要任务。

许多缺乏经验的数据科学家经常犯的错误是将他们的工作重点放在了 CRISP-DM 的建模阶段，并急于完成其他阶段。他

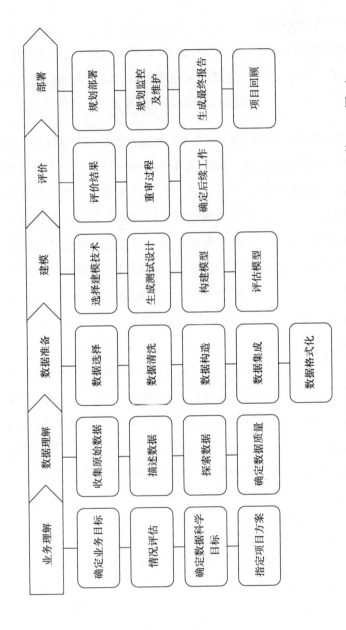

图 2-4 CRISP-DM 各阶段与任务（基于 Chapman、Clinton、Kerber，等 1999 图 3）

们可能认为项目中真正重要的可交付成果就是模型，因此数据科学家应该将大部分时间用于构建和调试模型。然而，资深数据科学会花费更多时间来确保项目具有明确定义的重点并且拥有正确的数据。要使数据科学项目取得成功，数据科学家需要清楚地了解手头项目试图解决的业务需求。因此，CRISP-DM的业务理解阶段非常重要。关于为项目获取正确数据这件事情，2016 年对数据科学家的调查发现，79% 的时间花在数据准备上。项目主要任务的时间分布如下：收集数据集，19%；清理和组织数据，60%；构建训练集，3%；根据数据挖掘模式，9%；算法调优，4%；执行其他任务，5%（CrowdFlower 2016）。79% 的准备数字来自于收集、清洗，以及组织数据。大约 80% 的项目时间用于收集和准备数据，这在多年的工业界调查中一直都是一致的结论。有时这一发现令人惊讶，因为他们想象数据科学家会花时间构建复杂的模型以从数据中获取洞察力。但简单的事实是，如果没有应用到正确的数据集上，无论数据分析技术有多好，它都不会挖掘出有用的模式。

第 3 章

数据科学生态系统

　　数据科学用到的技术栈因组织机构而异。组织机构越复杂或处理的数据量越大（尤其是两者兼具时），支持数据科学活动的技术生态系统的复杂度就越高。在大多数情况下，该生态系统包含了来自多个不同软件供应商的工具和组件，并会处理不同格式的数据。在构建自己的数据科学生态系统时，组织机构可以选择一系列方法。一方面，可以投资购买集成商业软件工具集；另一方面，也可以通过集成一些开源软件和编程语言来建立一个定制的生态系统。在这两个极端之间，一些软件供应商会提供包括商业产品和开源产品的混合式解决方案。尽管工具组合的选择因组织结构而异，但在大多数数据科学体系架构中组件的选择存在某些共性。

　　图 3-1 给出了典型数据架构的高级概述。这种架构不仅适用于大数据环境，也适用于各种规模的数据环境。在图 3-1 中，

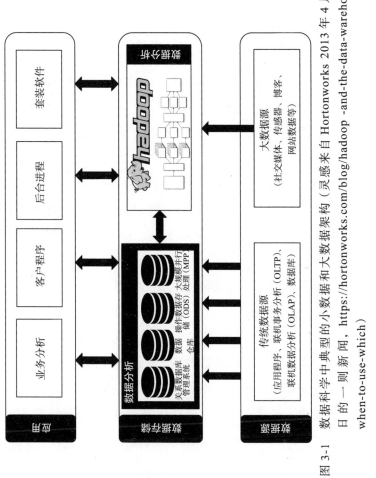

图 3-1　数据科学中典型的小数据和大数据架构（灵感来自 Hortonworks 2013 年 4 月 23 日的一则新闻，https://hortonworks.com/blog/hadoop -and-the-data-warehouse- when-to-use-which)

主要由三个区域组成：*数据源*，该区域生成组织机构中的所有数据；*数据存储*，存储和处理数据；*应用程序*，通过它与数据消费者共享数据。

所有组织机构都有应用程序，可以生成和捕获客户数据及与组织机构运营有关的所有事务数据，这些数据与组织机构的运作方式有关。此类数据源和应用程序包括客户管理、订单、制造、交付、发票、银行、财务、客户关系管理（CRM）、呼叫中心、企业资源规划（ERP）等。这类应用程序通常称为*联机事务处理*（OLTP）系统。对于许多数据科学项目来说，来自 OLTP 系统的数据将用于生成机器学习算法最初的输入数据集。随着时间的推移，组织机构中应用程序捕获的数据量会越来越大，组织机构开始转移注意力去捕获、补全之前被忽略的数据，或之前不可用的那类数据。这些较新的数据通常称为"大数据源"（big data source），因为它们的数据量明显高于组织机构的主要应用程序产生的数据。一些常见的大数据源包括网络流量，来自各种应用程序的日志记录数据、传感器数据、网络日志数据、社交媒体数据、网站数据等。在传统数据源中，数据通常存储在数据库中。然而，许多与较新的大数据源关联的应用程序并不是为了长期存储数据而设计的，例如，对于流数据，这类数据的存储格式和结构因应用程序而异。

随着数据源数量的增加，能够将这些数据用于分析并在更广泛的组织机构之间共享这些数据所带来的挑战也随之增加。

数据存储层（data-storage layer）（如图 3-1 所示）通常用于解决
整个组织机构的数据共享和数据分析问题。该层分为两部分。
第一部分介绍大多数组织机构使用的典型数据共享软件。关系
数据库管理系统（RDBMS）是传统数据集成和存储软件最流行
的形式。这些传统存储系统通常是组织内部的商业智能（BI）解
决方案的支撑系统。BI 解决方案是一个用户友好的决策支持系
统，提供数据聚合、集成、报告以及分析功能。根据 BI 系统架
构的成熟度级别，它可以包揽万象，从业务程序副本到操作数
据存储（ODS），再到基于大规模并行处理（MPP）的 BI 数据库
解决方案，以及数据仓库。

读者最好将数据仓库理解为一个数据聚合（data aggregation）
和分析的过程，其目的是为决策提供支持。但是，此过程的重
点是创建设计良好且集中的数据存储库，术语数据仓库有时用
于表示此过程创建的数据存储。从这个意义上讲，数据仓库对
数据科学来说是一种强大的资源。从数据科学的角度来看，拥
有数据仓库的主要优势之一是缩短项目时间。任何数据科学过
程的关键因素都是数据，因此在许多数据科学项目中，在进行
分析之前，大部分时间和精力都用于查找、汇总和清洗数据，
读者无须大惊小怪。如果公司有数据仓库，则通常会大大减少
在单个数据科学项目上进行数据准备的工作量和时间。不过，
也可以在没有集中数据存储的情况下进行数据科学实践。构建
集中的数据仓库并不仅仅是将来自多个操作数据库的数据转储

到单个数据库那么简单。

将来自多个数据库的数据进行合并，通常需要非常复杂的手工操作来解决源数据库之间的不一致性问题。**抽取、转换和加载**（Extract、Transformation and Load，ETL）是典型的用于描述数据库之间的数据映射、合并和移动等处理及工具的术语。在数据仓库中执行的典型操作与通常应用于标准关系数据库的简单操作不同。术语联机分析处理（OLAP）用于描述这些操作。OLAP 操作通常侧重于生成历史数据的摘要，并涉及聚合来自多个数据源的数据。例如，我们可能会提出以下 OLAP 请求（为便于阅读，采用自然语言描述）："**按地区和季度报告所有商店的销售情况，并将这些数字与去年的进行比较。**"这个例子说明 OLAP 请求的结果通常类似于按用户意图编写的标准的商业报告。OLAP 操作实质上使用户能够对仓库中的数据进行切片（slice）、切块（dice）和透视（pivot），并获得这些数据的不同视图。这些操作使用了一种所谓的**数据立方体**（data cube）的数据表示，数据立方体基于数据仓库构建。数据立方体具有确定的预先定义好的维度集，每个维度表示数据的特定特征。前面给出的 OLAP 请求示例所需的数据立方体的维度应该包括：按门店销售、按地区销售及按季度销售。使用具有固定维度集数据立方体的主要优点是它可以加快 OLAP 操作的响应时间。此外，由于数据立方体维度集被预编程到 OLAP 系统中，因此系统可以提供用户友好的图形界面来定义 OLAP 请求。然而，数据立方体表示可以将基于 OLAP 的分析类型限制为由预定义维度集衍生出来的查询。相比之下，SQL 提供了更灵活的查询接口。此外，尽管 OLAP 系统对数据探索和报告很有用，但它们不支持数据建模或从数据中自动提取模式。一旦组织机构中的数据在 BI 系统内被聚合和分析，则该分析可以用作图 3-1 的应用层中的一系列消费者的输入。

数据存储层的第二部分涉及管理组织机构大数据源生成的数据。在此架构中，Hadoop 平台用于存储和分析大数据。Hadoop 是由 Apache Software Foundation 开发的一个开源框架，专为处理大数据而设计。它可以运行在普通的商用服务器（commodity server）集群之上，采用分布式架构对数据进行存储和处理。Hadoop 使用 MapReduce 编程模型，加速了对大型数据集的查询处理。MapReduce 在底层实现了分块 – 应用 – 合并（split-apply-combine）的策略：（1）将大型数据集拆分为多个单独的块，每个块存储在集群中的不同节点上；（2）在所有块上并行执行查询；（3）通过合并不同块上产生的结果来生成查询的结果。然而，在过去的几年中，Hadoop 平台也被用作企业数据仓库的一种扩展。数据仓库最初只能存储 3 年的数据，而现在的数据仓库普遍可以存储超过 10 年的数据，并且这个数字还在不断增加。但是，随着数据仓库中数据量的增加，数据库和服务器的存储与处理能力也必须提升。该要求可能对成本产生显著影响。另一种方法是将数据仓库中的一些旧数据迁移到 Hadoop 集群中。例如，数据仓库只存储最新的数据，比如最近 3 年的数据，可能要经常对这些数据执行快速分析或展示，而较旧的数据和较少使用的数据则存储在 Hadoop 上。大多数企业级数据库都具有将数据仓库与 Hadoop 连接起来的能力，允许数据科学家使用 SQL 同时在这两个平台中查询数据，但感觉就好像在同一个数据库中查询一样。查询涉及的数据可能有一部分在数据仓库中，而另一部分在 Hadoop 中。查询处理将自动分为两个不同的部分，每个部分独立运行，结果将自动组合和集成，然后再呈现给数据科学家。

数据分析与图 3-1 中的数据存储层的两个部分相关联。可以对数据层中每个部分的数据进行数据分析，并且在执行附加数据分析时，数据分析的结果可以在每个部分之间共享。与从大数据源捕获的数据相比，来自传统数据源的数据通常相对干净并且信息含量高。但是，大数据源更大的数据量和更强的实时性意味着，大数据能提供额外的洞察力来弥补在数据清洗方面的开销。在许多不同的研究领域中（如自然语言处理、计算机视觉、机器学习等）开发的各种数据分析技术可用于将非结构化、低密度、低价值的大数据转换为高密度和高价值数据。然后，这些高价值数据可以与来自传统来源的其他高价值数据集成，以进行进一步的数据分析。本章给出的说明和图 3-1 中的描述是数据科学生态系统的典型架构。它适用于大多数组织机构，无论其规模大小。但是，随着组织机构规模的扩大，企业的数据科学生态系统的复杂性也随之增加。例如，规模较小的组织可能不需要 Hadoop 组件，但对于体量较大的组织，Hadoop 组件几乎是必备条件。

3.1　将算法迁移至数据

传统的数据分析方法涉及从各种数据库中抽取数据、集成数据、清洗数据、生成数据子集以及构建预测模型。一旦构建好预测模型，就可以将它们应用于新数据之上。读者可以回忆第 1 章中预测模型对目标属性值的预测：垃圾邮件过滤器是一种预测模型，用于预测电子邮件的分类属性值是否为"垃圾邮件"。将预测模型应用于新数据中的实例以生成目标属性值被称为"对数据进行评分"（scoring the data）。在对新数据进行评分后，最终结果可能会回填到数据库中，以便这些新数据可以被某些工作流程、报表仪表盘或考核评价之类的活动所用。图 3-2 说明数据准备和分析中涉及的大部分数据处理都位于与数据库、数据仓库分离的服务器上。因此，会花费大量时间将数据从数据库中迁移出来并将结果回填到数据库中。

都柏林理工学院的一次线性回归建模实验很好地展示了该流程每个环节所耗费的时间占比。大约 70% ~ 80% 的时间用于抽取和准备数据，剩余的时间用于构建模型。对于数据评分，大约 90% 的时间用于抽取数据并将已评分数据集保存回数据库，只有 10% 左右的时间真正用于评分。这次实验基于若干数据集（集合记录数为 5 万到 150 万不等）得到上述统计结果。大多数企业数据库供应商已经认识到，如果不必花费时间来移动数据并且通过将数据分析功能和机器学习算法集成到他们的数据库引擎中，那么可以节省大量时间。以下部分将探讨如何将机器学习算法集成到现代数据库中，大数据（Hadoop）的世界中数据存储是如何工作的，以及如何组合使用这两种方法，使组织机构能够使用 SQL 作为公共语言轻松处理所有的数据相关操作，如近实时访问、数据分析、执行机器学习算法以及预测分析。

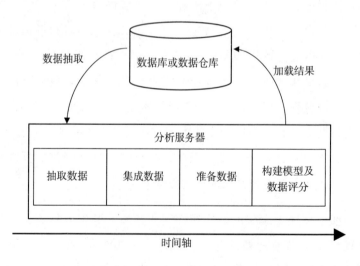

图 3-2　传统的预测模型构建及数据评分流程

将数据从数据库导出并将处理

结果导入数据库，

这要花费大量时间。

3.1.1 传统数据库与现代的传统数据库

数据库供应商不断投资在研发上，以增强其数据库的可伸缩性、性能、安全性和功能。现代数据库远比传统的关系数据库先进。它们可以存储和查询多种不同格式的数据。除了传统的关系数据格式之外，还可以定义对象类型，存储文档，存储和查询 JSON 对象、空间数据（spatial data）等。大多数现代数据库还具有大量统计函数，其中某些函数的统计功能与主流统计软件对应函数是等价的。例如，Oracle 数据库自带 300 多种不同的统计函数，并且内置提供了 SQL 语言。这些统计函数涵盖了数据科学项目所需的大多数统计分析功能，也包括了大多数其他工具和编程语言中可用的统计功能，例如 R 语言。借助数据库的统计功能，可以利用 SQL 以更高效和可扩展的方式执行数据分析。此外，大多数行业领先的数据库供应商（如 Oracle、Microsoft、IBM 和 EnterpriseDB 等）已将许多机器学习算法集成到其数据库中，并且可以使用 SQL 来触发这些算法的运行。数据库中可通过 SQL 访问的已集成的学习算法被称为*数据库内置机器学习算法*。使用数据库内置机器学习算法可以更快地开发模型，并能更快地将模型和结果部署到应用程序和数据分析仪表盘（dashboard）中。数据库内置机器学习算法底层遵循下面这条理念："*将算法迁移到数据而非将数据迁移到算法*"。

使用数据库内置机器学习算法的主要优点如下：

▲ **无数据迁移**。某些数据科学产品要求将数据从数据库中导出并转换为专用格式作为机器学习算法的输入。使用数据库内置机器学习算法，无须数据迁移或转换。这使得整个过程的复杂度降低，耗时更少，并且更不容易出错。

▲ **更快的性能**。通过在数据库中执行分析操作并且无数据迁移，可以利用数据库服务器的计算能力，最高能提供比传统方法快 100 倍的性能。大多数数据库服务器具有较高的配置，通常有多个 CPU 和高效的内存管理，能处理包含超过 10 亿条记录的数据集。

▲ **高度安全**。数据库提供了可控和可审计的数据访问方式，这加快了数据科学家的工作效率，同时还保证了数据安全。此外，使用数据库内置机器学习算法避免了从分析服务器抽取和下载数据时引入的物理安全风险。相反，传统流程会导致在组织机构的多个数据孤岛中创建数据集副本。

▲ **可伸缩性**。如果将机器学习算法集成到数据库中，则数据分析在数据库中的数据量增加时仍能轻松应对。数据库软件旨在有效地管理大量数据，利用服务器上的多个 CPU 和内存并行地执行机器学习算法。数据库在处理不适合驻留内存的大型数据集时也非常有效。数据库背后有超过 40 年的历史，其研究积累可确保它们能够快速处理各种类型的数据集。

▲ **实时部署和环境**。使用数据库内置机器学习算法开发的模型可以立即部署并在生产环境中实时使用。这允许将模型集成到日常应用程序中，为最终用户和客户提供实时预测服务。

▲ **生产部署**。使用独立的机器学习软件开发出来的模型在部署到企业应用之前可能需要重新编码为其他编程语言代码。对于数据库内置机器学习算法而言，情况并非如此。SQL 是标准的数据库语言，它可以被任何编程语言和数据科学工具使用和调用。之后将模型集成到生产应用中是一项轻而易举的任务。

许多组织机构正在从数据库内置机器学习算法中获得好处。它们的体量遍及小型、大型以及大数据类型的组织机构。以下是使用了数据库内置机器学习算法的组织机构的一些案例：

▲ Fiserv，美国金融服务和欺诈检测与分析技术提供商。Fiserv 最初使用了多种第三方数据存储和机器学习技术，最后选择只使用自己的数据库内置机器学习算法。用于创建 / 更新和部署欺诈检测模型的时间从近一周缩短到几个小时。

▲ 84.51°（官方名称为 Dunnhumby USA），一家客户科学公司。84.51° 使用了多种分析产品来构建各种客户模型。通常，它每月会花费大约 318 小时将数据从其数据库移动到机器学习工具中处理，然后把处理结果迁移回数据

库中，每月再花费 67 小时来创建模型。当它转而使用数据库内置机器学习算法时，不再需要数据移动。数据保留在数据库中。该公司每月立即节省大约 318 小时。因为它使用内置数据库作为计算引擎，所以能使其数据分析具备可伸缩性。同时，机器学习模型生成和更新的时间从每月 67 小时多缩减到每月一小时。这样，该公司每个月节省了 16 天，现在能显著提升处理速度，购买该公司产品的客户较之前能更快地获取处理结果。

▲ Wargaming，坦克世界（World of Tank）及多款其他游戏的创造者。Wargaming 使用数据库内置机器学习算法来建模，并预测如何与 1.2 亿多的客户进行交互。

3.1.2　大数据架构

虽然现代的传统数据库在处理事务型数据方面非常有效，但在大数据时代，需要新的架构来解决所有其他类型数据（非关系数据）的处理和长期存储问题。现代的传统数据库可以处理高达几 PB 的数据量，但是对于大数据这种体量，传统的数据库解决方案可能会变得非常昂贵。此成本问题通常被称为**垂直扩展**（vertical scaling）。在传统的数据范式中，组织机构在合理的时间内存储和处理的数据越多，数据库服务器所需的存储量就越大，相反，服务器硬件和数据库 license 的成本也就越高。组织机构可以使用传统数据库每日 / 每周摄取和查询高达 10 亿条的记录，但是对于这种处理规模，他们可能需要投入 10 万多美元才能购买到所需的硬件。

Hadoop 是 Apache 软件基金会开发和发布的一个开源框架。它是一个经过充分验证的框架，可以有效地摄取和存储大量数据，并且比传统数据库解决方案便宜得多。在 Hadoop 中，可以以多种方式将数据分割或分块，数据分块（partition）分布在 Hadoop 集群的节点中。与 Hadoop 配套使用的各种分析工具处理驻留在每个节点上的数据（在某些情况下，这些数据可以是驻留在内存中的），从而允许快速处理数据，因为分析是跨节点并行执行的。无须数据抽取或 ETL 过程。数据分析在存储数据的节点上进行。

尽管 Hadoop 是最著名的大数据处理框架，但它绝不是唯一的可用框架。其他可选的大数据处理框架有 Storm、Spark 和 Flink 等。所有这些框架都是 Apache 软件基金会旗下的项目。这些框架之间的区别在于 Hadoop 主要用于批量处理数据。批处理适合处理静态数据集，并且不需要立即得到处理结果（或者至少对时间不是特别敏感）。Storm 框架专为处理流式数据而设计。在流式处理（stream process）中，数据流中的每个数据元素在进入系统时都会被处理，因此处理操作针对的是数据流中的每个单独的数据元素而非整个数据集。例如，批处理（batch process）过程的返回值可能是数据集的平均值，而流式处理可能返回流中每个数据元素对应的标签或数值值（例如，计算

Twitter 流中每条推文的情感得分）。 Storm 同时也是专门为实时数据处理而设计的，根据 Storm 官网，⊖它已经过基准测试，每个节点每秒能处理一百多万个元组（tuple）。Spark 和 Flink 是同时支持两种处理模式（批处理和流式处理）的大数据处理框架。Spark 本质上是一个批处理框架，类似于 Hadoop，但提供了流式处理功能，而 Flink 本质上是一个流式处理框架，但也可用于批处理。虽然这些大数据处理框架为数据科学家提供了满足特定大数据项目要求的工具选择，但现代数据科学家现在使用这些框架时仍存在一些缺陷，因为需要同时分析来自两个位置的数据：传统的现代数据库和大数据存储。下一节将介绍如何解决这种特殊问题。

3.1.3　混合数据库世界

如果组织机构的数据规模较小，那么使用 Hadoop 解决方案有点杀鸡用牛刀，此时使用传统的数据库软件来管理数据足矣。但是，一些文献认为 Hadoop 生态系统中的数据存储和处理工具将取代传统的数据库。事实上很难看到这种情况发生，最近有很多关于在所谓的"混合数据库世界"（hybrid database world）中采用更平衡的方式来管理数据的讨论。混合数据库世界指的是传统数据库和 Hadoop 生态系统共存。

⊖　欲了解 Storm 官网，请浏览 http://storm.apache.org。

混合数据库根据访问频率和正在执行的数据科学任务类型自动平衡数据的位置。

在混合数据库世界中，组织机构的数据库与 Hadoop 数据存储相互连接并协同工作，从而实现数据的高效处理、共享和分析。图 3-3 显示了一个传统的数据仓库，但是大部分数据都是迁移到 Hadoop 中，而非在数据库或数据仓库中存储所有数据。在数据库和 Hadoop 之间建立连接，这允许数据科学家在查询数据时将它们看成一个有机整体，而不会意识到它们是分布在不同地方的数据存储。数据科学家不需要在数据仓库和 Hadoop 中分别执行查询。他可以像执行常规查询那样去操作，解决方案将确定如何对查询进行分解以及如何将子查询调度到具体的数据存储上执行，每个子查询的结果将被合并在一起并返回给查询者。类似的，随着数据仓库的增长，一些旧数据将不会被频繁查询。混合数据库解决方案自动将不常使用的数据移动到 Hadoop 环境，将使用频率较高的数据迁移到数据仓库。混合数据库根据访问频率和正在执行的数据科学任务类型自动平衡数据的位置。

这种混合解决方案的一大优点是数据科学家仍然使用 SQL 来查询数据。他不必学习其他数据查询语言，也不必使用各种不同的工具。根据当前的趋势，主要数据库供应商、数据集成解决方案供应商和所有云数据存储供应商在不久的将来会提供类似于这种混合数据库的解决方案。

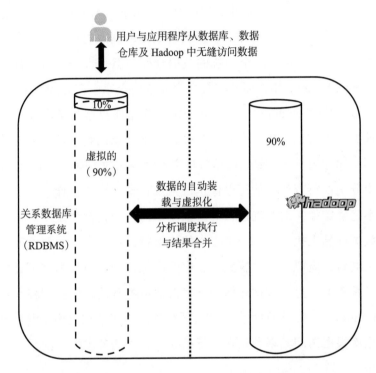

图 3-3　数据库、数据仓库、Hadoop 协同工作（参考自 Gluent
数据平台白皮书，2017，https://gluent. com/wp-content/
uploads/2017/09/Gluent-Overview.pdf）

3.2　数据准备和集成

数据集成涉及从不同数据源获取数据并将它们合并，以提
供来自整个组织机构的统一数据视图。医疗记录就是这种数据
集成的一个很好的例子。理想情况下，每个人都有一个健康记

录，并且在每家医院、医疗机构及普通全科都应该使用相同的患者标识符、相同的度量单位以及相同的评分系统等。不幸的是，几乎每家医院都有自己独立的患者管理系统，医院内部的每个医学实验室亦是如此。想象一下，快速找到患者记录并将正确的结果传递给正确的患者将面临多大的挑战。而这些只是一家医院所面临的挑战，在多家医院共享患者数据的情况下，整合问题变得异常复杂。正是由于存在这些挑战，CRISP-DM 的前三个阶段占据了数据科学项目总时间的 70% 到 80%，其中大部分时间被分配给数据集成。

即使数据是结构化的，也很难对来自多个数据源的数据进行集成。但是，当涉及一些较为新颖的大数据源时，半结构化或非结构化数据是常态，那么数据集成和架构管理的成本可能会变得很高。数据集成面临挑战的典型范例是客户数据。客户数据可以驻留在多个不同的应用程序（以及与应用程序对应的数据库）中。每个应用程序包含部分客户数据，这些数据版本之间略有差异。例如，内部数据源可能包含客户信用评级、客户销售、支付信息、呼叫中心联系信息等。还可以从外部数据源获得与客户有关的其他数据。在这种情况下，创建客户的完整视图需要抽取和集成来自每个源的数据。

典型的数据集成过程涉及多个不同的阶段，包括抽取、清洗、标准化、转换和最终集成，以创建某个版本的数据。从多个数据源抽取数据可能具有挑战性，因为很多数据源只能通过特定接口来访问其数据。因此，数据科学家需要具备广泛的技能和才能与每个数据源进行交互以获取数据。

一旦数据从数据源中被抽取，则需要检查数据的质量。数据清洗是一个从被抽取的数据中检测、清除或删除被损坏或不准确数据的过程。例如，为了将客户地址信息转换为标准格式，必须先对其进行清洗。此外，数据源中可能存在重复数据，在这种情况下，有必要识别出将被使用的正确的客户记录并从数据集中删除所有其他记录。确保数据集数值的一致性非常重要。例如，一个源应用程序可能使用数值来表示客户信用评级，但另一个源应用程序可能会混合使用数字和字符值。在这种情况下，需要决定采用哪种表示作为标准，然后将其他表示映射到标准化表示上去。例如，假设数据集中的一个属性是客户的鞋号。客户可以从世界各地购买鞋子，但欧洲、美国、英国和其他国家的鞋码编号系统略有不同。在进行数据分析和建模之前，需要对这些数据值进行标准化。

数据转换涉及将数据值进行更改或组合。在此环境中可以使用多种技术，包括数据平滑（data smoothing）、分箱（binning）和标准化（normalization）以及编写自定义代码以执行特定的数据转换。数据转换的一个常见示例是处理客户的年龄。在许多数据科学任务中，精确区分客户年龄并不是特别有用。42 岁的客户和 43 岁的客户之间的差异通常并不显著，尽管区分 42 岁的客户和 52 岁的客户确实可能会提供有用信息。因此，顾客的年龄通常会从原始年龄映射到某个年龄段。将年龄映射到年龄段的过程是**分箱**数据转换的典型范例。虽然从技术角度来看分箱是比较简单的，但这里的挑战是确定最合适的分箱阈值。应用错误的阈值可能会混淆数据之间的重要差别。但是，找到合适的阈值可能需要领域特定的知识或基于试错法的实验过程。

数据集成的最后一步涉及创建作为机器学习算法输入的数据。此数据称为**分析基表**（analytics base table）。

创建分析基表

创建分析基表的最重要步骤是选择分析涉及的属性。选择基于领域知识及对属性之间关系的分析。例如，考虑一个分析使用某服务的客户的场景。在这种情况下，一些常用的领域概念将引导设计和属性选择，包括客户合同细节、人口统计信息、使用情况、使用变化情况、用途特殊性、生命周期阶段、网络链接等。此外，与其他属性具有高度相关性的属性可能是多余的，因此应排除其中的一个。删除冗余特征可以使模型更简单更易于理解，并且还降低了机器学习算法返回过拟合训练集的失真模型的可能性。属性集的选择定义了所谓的**分析记录**（即数据集）。分析记录通常包括原始属性和派生属性。分析基表中的每个实例都由一条分析记录来表示，因此分析记录中包含的属性集定义了被执行分析的实例的表示方式。

分析记录设计好后，需要抽取和聚合一组记录以创建用于分析的数据集。当这些记录被创建和存储时，例如，在数据库中——这个数据集通常被称为分析基表。分析基表是作为机器学习算法输入的数据集。下一章将带领读者进入机器学习领域，并介绍一些最流行的用于数据科学的机器学习算法。

第4章

机 器 学 习

　　数据科学是衔接数据科学家和计算机的桥梁。在第 2 章中，我们描述了数据科学家应遵循的流程：CRISP-DM 生命周期。CRISP-DM 定义了数据科学家必须做出的一系列决策以及为了知会和实施这些决策应该参与的活动。在 CRISP-DM 中，数据科学家的主要任务是定义问题、设计数据集、准备数据、决定采用何种类型的数据分析，以及评估和解释数据分析的结果。计算机提供了处理数据和搜索数据模式的能力。机器学习的研究任务则是开发能在计算机上运行的算法以便从数据中识别和提取有用的模式。机器学习算法和技术主要在 CRISP-DM 的建模阶段应用。机器学习涉及两个步骤。

　　首先，将机器学习算法应用于数据集以识别数据中的有用模式。这些模式可以用多种不同的方式表示。我们将在本章稍后部分描述一些流行的模式表示方法，它们通常包括决策树、回归模型（regression model）和神经网络（neural network）等。这些模式表示方法称为"模型"，这就是 CRISP-DM 生命周期中的这个阶段被称为"建模阶段"的原因。简而言之，机器学习算法根据数据创建模型，每个算法都旨在创建特定形式的模型（神经网络、决策树或其他类型的模型）。

其次，一旦创建了模型，就会在分析中使用它。某些情况下，模型的结构非常重要。 模型结构可以揭示与研究领域相关的重要属性。例如，在医学领域，可以将机器学习算法应用于中风患者数据集，并使用模型的结构来识别与中风强关联的因素。在另一些情况下，模型用于对新的数据实例分类或打标签。例如，训练垃圾邮件过滤模型的主要目的是将新电子邮件标记为垃圾邮件或非垃圾邮件，而非显示定义垃圾邮件的那些属性。

4.1 有监督学习与无监督学习

大多数机器学习算法可以归类为有监督学习（supervised learning）或无监督学习（unsupervised learning）。有监督学习的目标是学习一个函数，该函数将描述实例的属性值映射为该实例另一个属性（称之为目标属性）的值。例如，当使用有监督学习算法训练垃圾邮件过滤器时，该算法尝试学习将描述电子邮件的属性值 / 属性值向量映射为目标属性值（垃圾邮件 / 非垃圾邮件）的函数；对机器学习算法而言，其学习结果就是得到一个垃圾邮件过滤模型。因此，在此上下文中，算法在数据中寻找的模式实际是一个将输入属性值／属性值向量映射为目标属性值的函数，并且算法返回的模型是实现了此功能的一段计算机程序。有监督学习的工作原理是在多个函数中进行探索，以找到能最佳匹配输入输出的映射函数。但是，对于任何具备合理复杂度的数据集，输入和输出间的映射可能有多种组合，算法无法尝试评估所有的候选函数。作为妥协，每个机器学习算法被设计成在搜索期间优先评估某些类型的函数。这种偏好称为算法的**学习偏见**（learning bias）。机器学习应用的真正挑战是找到学习偏见中与特定数据集最匹配的算法。此任务通常涉及算法实验，从多个算法中找到最适合该数据集的算法。

顾名思义，有监督学习是"有监督的"，因为数据集中的每个数据实例都包含输入值和输出（目标属性）值。因此，学习算法可以通过检查每个候选函数与数据集的匹配程度来指导其寻找最佳函数，同时数据集通过提供反馈来充当学习过程的监督者。显然，对于有监督学习，数据集中的每个数据实例都必须包含目标属性值。然而，通常大家对目标属性感兴趣的原因是不容易直接测量，因此创建带标签的数据集往往比较困难。在这种情况下，在使用有监督学习算法训练模型之前，需要投入大量的时间和精力来创建具有目标属性值的数据集。

在无监督学习中，数据实例的属性集中不包含目标属性。因此，使用无监督学习算法时，无须花费时间和精力来标注数

机器学习应用的真正挑战是找

到学习偏见中与特定数据集

最匹配的算法。

据集中数据实例的目标属性值。但是，没有目标属性意味着学习会变得更加困难：与有监督学习这种基于输入、输出搜索与数据匹配的映射函数的特定问题不同，无监督学习是一项探索数据内在规律的通用任务。最常见的无监督学习是聚类分析（cluster analysis），该算法查找数据集中彼此更相似的实例，让相似实例聚集为簇（cluster），而簇之间的实例并不相似。这些聚类算法通常先做一些假设，把实例划分为若干个簇，然后迭代地更新这些簇（从一个簇中删除实例并将它们添加到另一个簇中），以便增加簇内的相似性和簇之间的差异性。

聚类的挑战在于如何衡量相似性。如果数据集中的所有属性都是数值类型且具有相似的值域，那么仅计算实例（或行）之间的欧几里得距离（Euclidean distance）（通常称为直线距离）可能是有意义的。欧几里得空间中在距离上相互靠近的实例被视为相似的。然而，许多因素可以使实例之间的相似性计算变得复杂。在一些数据集中，不同数值类型的属性具有不同的值域，其结果是某个属性中的值的变化可能不如另一个属性中的那么明显。在这些情况中，应该对属性进行标准化处理，以便它们具有相同的值域。使计算相似性变得复杂的另一个因素是可以从多个方面认为事物是相似的。有时某些属性比其他属性更重要，因此在计算距离时对某些属性加权可能是有意义的。有时数据集中也会包含非数值类型属性。在这些更复杂的场景中可能需要为聚类（clustering）算法设计定制的相似性度量

（similarity metric）。

可以通过具体示例来演示无监督学习。想象一下，假设我们有兴趣分析美国白人成年男性患 2 型糖尿病的原因。从构建数据集开始，每行代表一个人，每列代表我们认为与研究相关的属性。在这个例子中，包括了以下属性：个人身高（米）、体重（公斤）、每周锻炼时长（分钟）、鞋号以及他患糖尿病的可能性，这是一个百分比数值，基于临床测试和生活方式的调查问卷。表 4-1 展示了该数据集的一个片段。显然，也可以包括其他属性，例如，一个人的年龄；也可以移除一些属性，例如鞋号，这在确定某人是否会患糖尿病时并不重要。正如我们在第 2 章中讨论的那样，选择在数据集中包含和排除哪些属性是数据科学中的一项关键任务，但是考虑到当前的讨论，在处理数据集时不做任何修改。

表 4-1 糖尿病研究数据集

ID	身高（米）	体重（公斤）	鞋号	每周锻炼时长（分钟）	患糖尿病的可能性（%）
1	1.70	70	5	130	0.05
2	1.77	88	9	80	0.11
3	1.85	112	11	0	0.18
...					

无监督的聚类算法尝试找出蕴涵在数据集中的一组簇，簇内实例相似而簇间实例相异。一个簇定义了一组相似的实例。

例如，算法可以通过查找在簇内出现相对频繁的属性值来识别诱发疾病或并发症（同时出现的一些疾病）的原因。聚类的想法看起来简单，但实际上威力强大，可以应用于生活的许多领域。聚类的另一个应用是向客户推荐产品。如果顾客喜欢某本书、某首歌曲或某部电影，那么他很可能也喜欢类似的书、歌曲或电影。

4.2 学习预测模型

预测是一种基于实例的其他属性（或输入属性）的值来估计其目标属性值的任务。有监督机器学习算法需要解决的问题是：生成预测模型。前面用于描述有监督学习的垃圾邮件过滤器的示例在这里也适用：我们使用有监督的学习来训练垃圾邮件过滤器模型，垃圾邮件过滤器模型就是一个预测模型。预测模型的典型用例是估算训练集之外的新实例的目标属性值。回到前面的垃圾邮件过滤器示例，我们在历史电子邮件数据集上训练垃圾邮件过滤器（预测模型），然后使用该模型预测新电子邮件是否是垃圾邮件。预测问题可能是机器学习领域中最常见的问题类型，因此本章的剩余部分将重点介绍预测类型的机器学习研究案例。开始介绍预测模型之前，我们先介绍更基础的概念：**相关性分析**（correlation analysis）。然后解释有监督机器学习算法是如何创建多种主流预测模型的，其中包括线性回归模型、神经网络模型和决策树。

4.2.1　相关性不等同于因果，但它有时非常有用

　　相关性描述了两个属性之间的关联强度。[⊖]在一般意义上，相关性可以描述两个属性之间的任何类型的关联。术语"相关性"（correlation）也具有特定的统计意义，它通常用作"皮尔逊相关系数"（Pearson correlation）的简写。皮尔逊相关系数度量两个数值类型属性之间的线性关系的强度。它的取值范围为 $-1 \sim +1$。r 表示两个属性之间的皮尔逊相关系数。$r = 0$ 表示两个属性线性不相关。$r = +1$ 表示两个属性具有完美的线性正相关性，这意味着一个属性中的每个变化都伴随着另一个属性相同方向上的等效变化。$r = -1$ 表示两个属性具有完美的线性负相关性，这意味着一个属性中的每个变化都伴随着另一个属性中的相反变化。解释皮尔逊相关系数的一般原则是：当 $r \approx \pm 0.7$ 时表示属性之间存在强线性相关关系，$r \approx \pm 0.5$ 时表示存在中等线性相关关系，$r \approx \pm 0.3$ 时表示存在弱线性相关关系，$r \approx 0$ 时表示属性之间不存在线性相关关系。

　　在糖尿病研究的案例中，根据对人类生理构造的了解，我们预计表 4-1 中列出的一些属性之间存在相关性。例如，通常身高越高的人，他的鞋号越大。类似地，一个人的运动量越大，体重可能越轻。需要注意的是，身材高大的人可能比运动量相

⊖　相关性不是因果关系，但有些是有用的，这里受到了 George E. P. Boxs（1979）观察的启发："本质上，所有的模型都是错误的，但有些是有用的。"

同但矮个子的人体重更重。我们可能还预期某人的鞋号与他锻炼的量之间没有明显的关系。图 4-1 显示了三个散点图，数据散点图与人的直觉是吻合的。顶部的散点图揭示了以鞋号、身高为坐标轴，数据点是如何散布的。图 4-1a 是一个清晰的图案：数据从左下角到右上角，表示当人变得更高（或者当我们在 x 轴上向右移动）时的关系，他们也倾向于穿更大的鞋子（我们在 y 轴上向上移动）。在散点图中，通常从左下延伸至右上的数据模式表示两个属性之间的正相关。如果计算鞋号和身高之间的皮尔逊相关系数，则相关系数 $r = 0.898$，表明这两个属性之间存在强正相关性。图 4-1b 显示了体重和锻炼时长的数据是如何散布的。该模式也具有很常见的规律，不过与图 4-1a 的方向相反，即从左上角延伸至右下角，这表明负相关，即人们锻炼的时间越长，体重就越轻。这对属性的皮尔逊相关系数 $r = -0.710$，表明强负相关。图 4-1c 描述了锻炼时长与鞋号之间的关系。数据在该图中相对随机分布，并且这对属性的皮尔逊相关系数 $r = -0.272$，表明不存在真正的相关性。

    统计学中，皮尔逊相关系数的定义在两个属性之间，这一事实可能会将相关分析在数据分析中的应用限制在一对属性上。但幸运的是，可以通过在属性集上使用函数来规避这个问题。在第 2 章中，我们介绍了 BMI 作为一个人的体重和身高的函数。具体来说，就是他的体重（公斤）除以身高（米）的平方。BMI 由比利时数学家阿道夫·凯特勒（Adolphe Quetelet）于 19

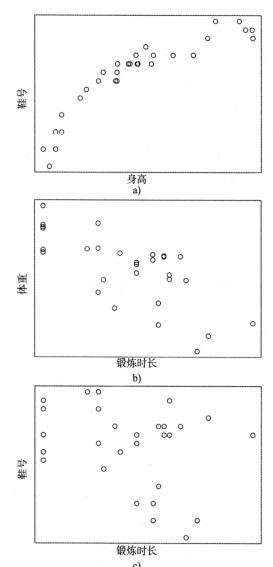

图 4-1　散点图：a) 鞋号与身高；b) 体重与锻炼时长；c) 鞋号与锻炼时长

世纪发明，用于将个体分类为体重过轻（underweight）、体重正常（normal weight）、超重（overweight）或肥胖（obese）。之所以使用体重和身高的比率，是因为无论身高如何，同一类别（体重过轻、体重正常、超重或肥胖）的人具有相似的 BMI 值。众所周知，体重和身高是正相关的（一般来说，人越高，体重就越重），所以通过将体重除以身高，可以控制身高对体重的影响。我们除以身高的平方，因为人长得越高，宽度也会增加，所以在计算中引入身高的平方是为了考虑一个人的总体积。对于多个属性之间的相关性的讨论，BMI 有两个方面令人非常感兴趣。首先，BMI 是一个函数，它将多个属性作为输入并将它们映射到一个新值上。实际上，该映射在数据中创建了一个新的派生（而不是原始）属性。其次，因为一个人的 BMI 是单个数值，可以计算它与其他属性之间的相关性。

在对美国白人成年男性 2 型糖尿病病因的案例研究中，我们感兴趣的是确定是否有任何一种属性与描述一个人患糖尿病的可能性的目标属性有很强的相关性。图 4-2 显示了另外三个散点图，每个散点图都绘制了目标属性（糖尿病）与另一个属性（身高、体重和 BMI）之间的相关性。在图 4-2a 中，数据中似乎没有任何特定模式表明这两个属性之间有真正的相关性（皮尔逊相关系数 $r = -0.277$）。图 4-2b 描述了体重和糖尿病的数据点的分布。数据的分布表明这两个属性之间存在正相关：人越重，患糖尿病的可能性越大（皮尔逊相关系数 $r = 0.655$）。图 4-2c

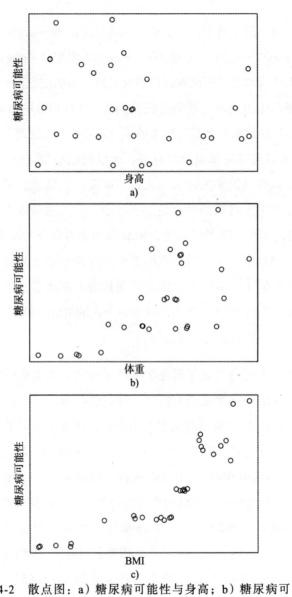

图 4-2　散点图：a）糖尿病可能性与身高；b）糖尿病可
　　　能性与体重；c）糖尿病可能性与 BMI

描述了 BMI 和糖尿病的数据点的分布情况。图 4-2c 中蕴涵的模式类似于图 4-2b：数据从左下角向右上方延伸，它表示正相关。然而，在图 4-2c 中，实例的分布更密集，表明 BMI 和糖尿病之间的相关性强于体重和糖尿病之间的相关性。事实上，该数据集中糖尿病和 BMI 的皮尔逊相关系数 $r = 0.877$。

BMI 示例说明可以通过定义将多个属性作为输入的函数来创建新的派生属性。它还表明可以计算此派生属性与数据集中另一个属性之间的皮尔逊相关系数。此外，派生属性与目标属性的相关性实际上可能会比生成派生属性的任何属性与目标属性的相关性还高。理解 BMI 与糖尿病属性相关性高于身高或体重与糖尿病属性相关性的一种方法是：一个人患糖尿病的可能性取决于身高和体重之间的相互作用，而 BMI 属性恰当地为这种相互作用建立了模型。临床医生对 BMI 感兴趣是因为它为他们提供了更多关于某人患 2 型糖尿病的可能性的信息，而不仅仅是反馈了个人的身高或体重信息。

读者肯定已经注意到属性的选择是数据科学中的一项关键任务。属性设计也是如此。设计与感兴趣的属性具有强相关性的派生属性通常是数据科学产生价值的地方。一旦知道了表示数据的正确属性，就可以相对快速地构建准确的模型。揭示和设计正确的属性是非常困难的。在 BMI 的案例中，人类在 19 世纪设计了这个派生属性。但是，机器学习算法可以通过搜索不同的属性组合并检查这些组合与目标属性之间的相关性来学习属性之间的交互关系，并创建有用的派生属性。这就是当我们想探究弱相关属性对数据处理有何影响时，机器学习受青睐的原因。

识别与目标属性具有强相关性的（原始或派生）属性是有用的，因为相关属性可以让我们深入了解导致目标属性所代表的现象的过程：BMI 与可能患糖尿病高度相关的事实表明，一个人的体重值与他是否患糖尿病并不相关，重要的是他是否超重。此外，如果输入属性与目标属性高度相关，则它可能是预测模型的有用输入。与相关性分析类似，预测涉及分析属性之间的关系。为了能将一组输入属性的值映射为目标属性值，输入属性（或它们的某些派生属性）与目标属性之间必须存在相关性。如果这种相关性不存在（或者算法无法找到），则输入属性与预测问题无关，模型能做的无非是忽略此类输入属性，返回的预测值始终是数据集中目标属性⊖的集中趋势。相反，如果输入属性和目标属性之间确实存在强相关性，那么机器学习算法很可能能够生成非常准确的预测模型。

4.2.2 线性回归

当数据集由数值属性组成时，经常会对之使用基于回归的

⊖ 对于数值型目标属性而言，均值是最常见的集中趋势度量，而对于标称或有序类型目标属性，众数（或最频繁出现的值）是最常见的集中趋势度量。

预测模型。当所有的输入属性都固定时，回归分析估计数值类型的目标属性的期望值。回归分析的第一步是对输入属性和目标属性之间的关系结构做假设，然后定义假设关系的参数化数学模型。该参数化模型称为回归函数（regression function）。你可以将回归函数视为将输入值转换为输出值的机器，而参数是用于控制机器行为的设置。回归函数可能有多个参数，回归分析的重点是找到这些参数的最佳值，用于控制机器行为。

可以使用回归分析对属性之间的多种类型的关系进行假设和建模。原则上，对可以建模的关系结构的唯一约束是定义适当的回归函数的能力。在某些领域，可能有很强的理论层面的理由来断言一种特定类型的关系，但在缺乏对应领域知识的情况下，最好从假设最简单的关系形式（即线性关系）开始。从线性关系开始的一个原因是线性回归函数相对容易解释。另一个原因是一个常识性的概念，即让事情尽可能简单通常是一个好主意。

当假定存在线性关系，此时的回归分析称为线性回归（linear regression）。线性回归最简单的应用是为两个属性之间的关系建模：输入属性 X 和目标属性 Y。在这个简单的线性回归问题中，回归函数的形式如下：

$$Y = \omega_0 + \omega_1 X$$

这个回归函数就是一条直线的方程（通常写成 $y = mx + c$），

这条直线对大多数学过高中几何的人来说都很熟悉。[⊖]变量 ω_0 和 ω_1 是回归函数的参数。修改这些参数会改变函数从输入 X 映射到输出 Y 的方式。参数 ω_0 是直线方程在 y 轴上的截距（或高中几何中的常数 c），它指定了当 X 值为 0 时 Y 对应的值。参数 ω_1 定义了直线的斜率（相当于高中几何中的系数 m）。

在回归分析中，回归函数的参数最初是未知的。设置回归函数的参数相当于搜索能最佳拟合数据的直线。设置这些参数的策略是先猜测参数值，然后迭代更新参数，以减少函数对数据集拟合的整体误差（error）。整体误差按下面的步骤来计算：

1. 该函数应用于数据集，数据集中的每个实例都为估计目标属性的值做出部分贡献；

2. 通过将目标属性的实际值减去目标属性的估计值来计算函数在每个实例上的误差；

3. 对每个实例的函数的误差进行平方，然后对这些平方值求和。

在步骤 3 中，将函数在每个实例上的误差平方后求和，这样函数高估某个实例时的误差不会与低估另一个实例时的误差相抵消。误差平方和使这两种情况下的误差都为正。这种测量

⊖ 在这里我们使用了更复杂的符号，即 ω_0 和 ω_1。因为在后续的内容中，我们会对这个函数进行扩展，使之包含多个输入属性，所以，变量符号带下标在处理多个输入时非常方便。

误差的方法称为残差平方和（SSE），通过搜索使 SSE 最小的参数来拟合线性函数的策略称为最小二乘法（least squares）。SSE 定义如下：

$$\text{SSE} = \sum_{i=i}^{n}(\text{target}_i - \text{prediction}_i)^2$$

在这里，数据集中包含 n 个实例，target_i 是数据集中第 i 个实例的目标属性值，prediction_i 是函数对同一实例的目标属性的估计值。

为了创建一个线性回归预测模型来根据 BMI 指数预测患病的可能性，不妨用 X 来代表 BMI 属性，Y 代表 Diabetes 属性，并用最小二乘算法找到最佳拟合糖尿病数据集的直线。图 4-3a 说明了这条最佳拟合直线以及它与数据集中实例的位置关系。在图 4-3b 中，虚线表示与直线上每个点对应的实例的误差（或残差（residual））。使用最小二乘法，最佳拟合直线是最小化残差平方和的直线。这里的直线方程式为：

$$\text{Diabetes} = -7.384\ 31 + 0.555\ 93 * \text{BMI}$$

斜率参数值 $\omega_1 = 0.555\ 93$ 表示：对于 BMI 属性，每增加一个单位，该模型对被预测人患糖尿病可能性的估计将增加 0.5% 左右。为了预测一个人患糖尿病的可能性，我们只需将他的 BMI 属性值输入模型。例如，当 BMI 等于 20 时，模型返回患糖尿病的预测可能性为 3.73%，当 BMI 等于 21 时，模型预测

可能性为 4.29%。⊖

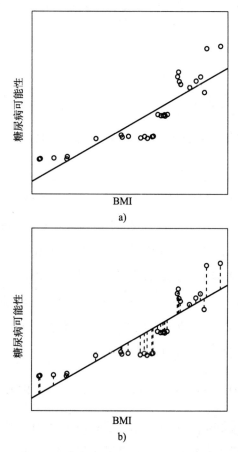

a)

b)

图 4-3　a）最佳拟合直线方程："Diabetes = −7.384 31 +
0.555 93 BMI"；b）垂直虚线代表每个实例对应
的残差

⊖　注意，这里报告的数值只应视为一种说明，而不应解释为对 BMI 与糖
尿病可能性之间的关系的确切估计。

其原理是，使用最小二乘法拟合的线性回归模型实际上是计算实例的加权平均值。截距参数值 $\omega_0 = -7.384\,31$ 确保最佳拟合直线经过由数据集的平均 BMI 值和平均糖尿病值代表的点。如果输入数据集中平均的 BMI 值（此时 BMI = 24.093 2），则模型估计患糖尿病的可能性为 4.29%，这也是数据集中糖尿病（Diabetes）属性的平均值。

实例的加权基于实例距离线的距离：实例离线越远，该实例的残差越大，算法将通过残差平方对该实例加权。这种加权的一个结果是具有极值（异常值）的实例可能对直线拟合过程产生过大的影响，导致拟合出来的直线偏离其他实例。因此，重要的是在使用最小二乘法对数据集进行拟合（或者换句话说，在数据集上训练线性回归函数）之前检查数据集中的异常值。

线性回归模型可以扩展为采用多个输入属性。对于每个新输入属性，在模型中会对应添加一个新参数，并更新模型的表达式，以在求和计算中包含新属性与新参数的乘积。例如，为了扩展模型以包括 Exercise 和 Weight 属性作为输入，此时回归函数的结构变为：

$$\text{Diabetes} = \omega_0 + \omega_1\text{BMI} + \omega_2\text{Exercise} + \omega_3\text{Weight}$$

在统计学中，这种能从多个输入映射到单个输出的回归函数被称为**多元线性回归函数**（multiple linear regression function）。多元回归函数的结构是一系列机器学习算法的基础，其中也包括了神经网络。

相关性与回归在概念上类似，因为两者都关注于数据集中各列之间的关系。相关性侧重于探索两个属性之间是否存在关系，而回归侧重于对属性之间的假设关系建模，目的是能够在给定一个或多个输入属性值的情况下估计目标属性的值。在皮尔逊相关系数和线性回归这两类特定情况中，皮尔逊相关系数测量两个属性具有线性关系的程度，而使用最小二乘法的线性回归训练是一个寻找最佳拟合直线的过程，该直线方程可基于特定属性的值预测另一属性的值。

4.2.3　神经网络与深度学习

神经网络由一组连接在一起的神经元（neuron）组成。神经元将一组数值作为输入并将它们映射到单个输出值上。从本质上讲，神经元只是一种多元线性回归函数。两者之间唯一的显著差异是，在神经元中，多元线性回归函数的输出通过另一个称为激活函数（activation function）的函数传递。

这些激活函数将非线性映射应用于多元线性回归函数的输出上。两个常用的激活函数是逻辑斯谛函数（logistic 函数）和 tanh 函数（参见图 4-4）。这两个函数都将单个值 x 作为输入；在神经元中，该 x 值是多元线性回归函数的输出，并且作为神经元的输入。此外，两个函数都使用欧拉常数 e，约等于

2.718 281 82。这些函数有时被称为压缩函数（squashing function），因为它们的输入可在负无穷到正无穷之间取任意值，并将其映射到一个小的预定义范围内。逻辑斯谛函数的输出范围是 0 到 1，tanh 函数的输出范围是 –1 到 1。因此，使用逻辑斯谛函数作为其激活函数的神经元的输出总是介于 0 ~ 1 之间。很显然，逻辑斯谛函数和 tanh 函数的非线性映射曲线的形状是 S 型的。将非线性映射引入神经元的原因是多元线性回归函数有很多局限性，其中之一是根据定义函数是线性的，并且如果神

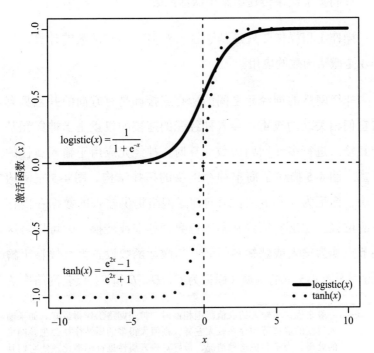

图 4-4 逻辑斯谛函数与 tanh 函数对输入 x 进行映射

经网络中的所有神经元仅实现线性映射，则整个网络的能力也仅限于学习线性函数。然而，在神经网络的神经元中引入非线性激活函数允许网络学习更复杂（非线性）的函数。

值得强调的是，神经网络中的每个神经元都在做一组非常简单的操作：

1. 将每个输入乘以其权重。
2. 将这些乘积累加。
3. 将累加结果传递给某个激活函数。

操作 1 和操作 2 只是基于输入对多元回归函数的计算，操作 3 是激活函数的应用。

神经网络的神经元之间的所有连接都是有方向的并且具有与它们相关联的权重。接入神经元的连接的权重是当神经元基于其输入进行多元回归函数计算时，神经元应用于输入属性的权重。图 4-5 描述了简单神经网络的拓扑结构。图 4-5 左侧的方块，标记为 A 和 B，表示向神经网络提供输入的数据在内存中的位置。在这些位置并不进行数据处理或转换。你可以将这些节点视为输入或感知神经元，其激活函数设置为直接输出输入值。$\ominus$ 图 4-5 中的圆圈（标记为 C、D、E 和 F）代表网络中的

$\ominus$　一般来说，当输入的取值范围相似时，神经网络工作得最好。如果输入属性的取值范围存在较大差异，则值大得多的属性往往会主导网络的处理。为了避免这种情况，最好对输入属性进行标准化，使它们具有相似的取值范围。

神经元。将神经网络中的神经元视为多层结构是很有用的。该网络有三层神经元：输入层包含 A 和 B；隐藏层（hidden layer）包含 C、D 和 E；输出层包含 F。术语"隐藏层"描述了一个层中的神经元既不在输入层中也不在输出层中的事实，因此在这种意义上，它们是隐藏在视野之外的。

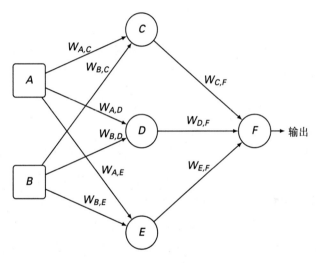

图 4-5　一个简单的神经网络

连接神经网络中神经元的箭头表示通过网络的信息流。从技术上讲，这个特定的网络是一个前馈（feed-forward）神经网络，因为网络中没有回路，即所有连接都从输入指向输出。此外，该网络被认为是完全连接的，因为每个神经元连接到网络下一层中的所有神经元。通过改变层数、每层中的神经元数量、所使用的激活函数的类型、层之间的连接方向以及其他参数，可以创建许多不同类型的神经网络。事实上，为特定任务开发神经网络所涉及的大部分工作都涉及为该任务寻找最佳网络布局的实验。

每个箭头上的标签表示与箭头末端的节点处理传入信息相关的权重。例如，将 C 与 F 连接的箭头表示将来自 C 的输出作为输入传递给 F，而 F 将把权重 $W_{C,F}$ 应用于来自 C 的输入。

假设图 4-5 所示的神经网络中的神经元使用 tanh 激活函数，则可以将网络中神经元 F 执行的计算定义为：

$$输出 = \tanh(\omega_{C,F}C + \omega_{D,F}D + \omega_{E,F}E)$$

在神经元 F 中执行处理的数学定义表明，这是通过一批函数的复合使用来计算产生神经网络的最终输出。短语"复合函数"（composing function）仅表示将一个函数的输出作为另一个函数的输入。在这种情况下，将神经元 C、D 和 E 的输出作为神经元 F 的输入，因此由 F 实现的函数是基于 C、D、E 函数的复合函数。

图 4-6 具体描述了使用复合函数的神经网络，它将一个人的体脂率（body-fat percentage）和最大 VO_2（每分钟的最大耗氧量）作为输入并计算他的健康水平。⊖神经网络中间层的每个神经元根据体脂率和最大 VO_2 计算函数 $f_1()$、$f_2()$ 及 $f_3()$ 的值。

⊖ 简单起见，我们没有在图 4-6 和图 4-7 中包含连接的权重。

这些函数以不同的方式对输入之间的交互进行建模。本质上，这些函数是对从神经网络的原始输入派生出的新属性的表示。它们类似于前面描述过的 BMI 属性，BMI 是作为体重和身高的函数来计算的。有时，只要能够从领域理论的角度描述派生属性所表示的内容，并理解为什么这个派生属性对神经网络有用，就有可能解释神经网络中神经元的输出所表示的内容。然而，通常神经元计算出来的派生属性对人类没有象征意义。相反，这些属性捕获的是神经网络中的属性之间有价值的交互关系。网络中的最后一个节点 f_4 在 $f_1()$、$f_2()$ 和 $f_3()$ 的输出的基础上计算另一个函数——其输出是神经网络返回的健康水平预测。然而，除了定义了一个神经网络发现的与目标属性具有高度相关性的交互关系之外，这个函数可能对人类没有意义。

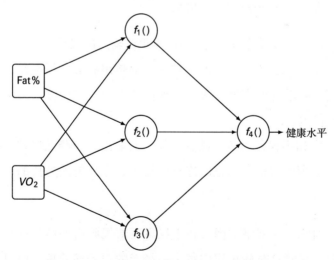

图 4-6 一个预测人类健康水平的神经网络

训练神经网络涉及为网络中的连接找到正确的权重。为了理解如何训练神经网络，首先要考虑如何训练输出层中单个神经元的权重，这是非常有启发意义的。假设我们有一个训练集，每个实例都有输入和目标输出。此外，假设接入神经元的连接已经分配了权重。如果我们从数据集中获取一个实例，并将此实例的表示属性的值表示给神经网络，则神经元将输出目标的预测。通过从数据集中的目标属性值中减去该预测，我们可以度量神经元在该实例上的误差。利用一些基本的微积分知识，我们可以推导出一条规则：在给定一个神经元输出误差度量值的情况下，更新进入神经元的连接的权值，从而减少神经元的误差。该规则的精确定义将根据神经元使用的激活函数而变化，因为激活函数影响推导规则的导数。但是，我们可以直观地解释权重更新规则是如何工作的：

1. 如果误差为 0，那么不应再更改输入的权重。

2. 如果误差为正，增加神经元的输出将会降低误差，所以我们必须增加所有输入为正的连接的权重，减少输入为负的连接的权重。

3. 如果误差为负，减少神经元的输出将会降低误差，所以必须减少所有输入为正的连接的权重，增加输入为负的连接的权重。

训练神经网络的困难在于权重更新规则需要估算神经元的误差，尽管计算输出层中每个神经元的误差很简单，但很难计算前驱层中神经元的误差。训练神经网络的标准方法是使用**反向传播算法**（backpropagation algorithm）来计算网络中每个神经元的误差，然后使用权重更新规则来修改网络中的权重。⊖反向传播算法是有监督的机器学习算法，因此它假定训练集中的每个实例都有输入（输入属性）和目标输出（目标属性）。训练过程首先为神经网络中的每个连接随机分配权重。然后，该算法通过将训练实例从数据集输入到神经网络，迭代式更新网络权重，直到网络按预期工作。该算法的名称源于这样一个事实：在每个训练实例输入到神经网络之后，该算法从输出层开始通过神经网络向后传递（或反向传播）误差，并且在网络的每一层，在向前驱层中的神经元共享当前层误差之前计算每个神经元的误差。算法的主要步骤如下：

1. 计算输出层中神经元的误差，并使用权值更新规则更新进入这些神经元的权值。

2. 将神经元计算的误差与前驱层中连接到该神经元的每个神经元共享，共享的误差与神经元之间的连接权重成正比。

3. 对于前驱层中的每个神经元，通过将已反向传播过来的误差相加并计算该神经元负责的网络的总误差，并使用误差求和的结果更新进入该神经元的连接的权重。

⊖　从技术上讲，反向传播算法利用微积分中的链式法则来计算神经网络相对每个神经元权值的误差的导数。但在本次讨论中，为了清楚地解释反向传播算法背后的基本思想，我们将忽略误差和误差导数之间的区别。

4. 通过重复步骤 2 和步骤 3 来回溯网络中的其余层，直到输入神经元和第一个隐藏层中的神经元之间的权重已更新。

在反向传播中，每个神经元的权重都会按比例缩放以减少但不消除神经元在训练实例上的误差。其原因在于，训练神经网络的目的是使其对训练集之外的新实例具备泛化能力，而不是记住训练数据。因此，每一批权重更新都会推动神经网络朝着相对于整个数据集来说是全局最优的一组权重前进，并且在许多轮迭代中，神经网络会收敛到一组权重上，这些权重捕获的是数据分布的一般规律，而不是针对训练实例的特化的分布规律。在某些版本的反向传播算法中，在将多个实例（或一批实例）输入到神经网络之后而不是在输入每个训练实例之后更新权重。这些版本中唯一需要调整的是该算法使用批处理上网络的平均误差作为权重更新过程的输出层误差度量。

过去 10 年中最令人兴奋的技术突破之一可能是深度学习的出现。**深度学习网络**本质上也是神经网络，但是它具有多个⊖隐藏层；换句话说，它的隐藏层数很深。图 4-7 中的神经网络一共有五层：左侧的输入层包含三个神经元，中间是三个隐藏层（黑色圆圈），右侧输出层包含两个神经元。该网络说明每层中可能包含不同数量的神经元：输入层有三个神经元，第一个隐藏

⊖　对于一个被认为很"深"的神经网络，并不需要约定的最小隐藏层数，但有些人会认为即使是两层也足够深。许多深度神经网络有几十层，但有些可以有数百甚至数千层。

层有五个神经元，接下来的两个隐藏层各有四个神经元，而输
出层有两个神经元。该网络还表明输出层中可能有多个神经元。
如果目标属性是具有不同级别的标称类型或有序类型数据，则
使用多个输出神经元是有用的。在这些场景中，神经网络设置
好之后，使得每个级别都有一个对应的输出神经元，然后训练
神经网络，使得对于每个输入，仅有一个输出神经元被激活（表
示预测的目标水平）。

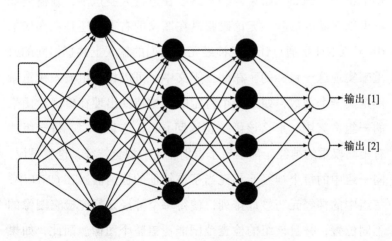

图 4-7　一个深度神经网络

　　与之前看到的神经网络一样，图 4-7 中所示的网络是全连
接的前馈网络。但是，并非所有的神经网络都是全连接的前馈
网络。实际上，科学家已经开发出了多种神经网络的拓扑结构。
例如，递归神经网络（Recurrent Neural Network，RNN）在网
络拓扑中引入了循环：神经元针对某个输入的输出又被作为下一

次处理的输入反馈回神经元。这个循环为网络提供了记忆能力，使其能够在其处理过的前一个输入的上下文中处理每个输入。因此，RNN 适用于处理顺序数据，如自然语言数据。⊖另一个众所周知的深度神经网络架构是**卷积神经网络**（Convolutional Neural Network，CNN）。CNN 最初用于处理图像数据（Le Cun 1989）。用于图像识别的神经网络，理想情况下它应该能够识别图像中是否已经出现视觉特征，而不论它出现在图像的哪个位置。例如，如果神经网络正在进行人脸识别，则需要能够识别眼睛的形状，无论眼睛是在图像的右上角还是在图像的中心。CNN 是通过让一组神经元在它们的输入上共享相同的权重来实现这一目标的。在此上下文中，可以将一组输入权重看作定义一个函数，如果某个特定的视觉特性出现在传递给函数的一组像素中，那么该函数将返回 true。这意味着，每一组拥有相同权重的神经元都学会了识别特定的视觉特征，也就是说，同一组中的每个神经元都充当了该特征的检测器。在 CNN 中，每组中的神经元巧妙地排列，使得每个神经元都能检查图像的不同位置，并且该组的检查范围能覆盖整个图像。因此，如果该组检测到的视觉特征出现在图像中的任何位置，则组中的某个神经元将识别它。

深度神经网络的强大之处在于它们可以自动学习有用的属

⊖ 有关 RNN 及其自然语言处理相关的简要介绍，请参阅（Kelleher 2016）。

性（特征），例如 CNN 中的特征检测器。实际上，深度学习有时被称为**表示学习**（representation learning），因为这些深度神经网络本质上是在学习输入数据的一种新表示，其在预测目标输出属性方面比原始输入属性更好。网络中的每个神经元都定义了一个函数，该函数将进入神经元的值映射到新的输出属性中。因此，网络第一层中的神经元可能会学习到一个函数，该函数将原始输入值（例如体重和身高）映射到比单个输入值更有用的属性（例如 BMI）上。然而，该神经元的输出，连同第一层中其姐妹神经元的输出，都被馈送到第二层的神经元中，并且第二层中的神经元尝试学习映射函数，用于将第一次的输出映射为更有用的新表示。将输入映射为新属性并将这些新属性作为输入提供给新函数的过程贯穿整个神经网络，同时，随着网络层数的加深，可学习越来越复杂的、从原始输入到新属性表示的映射。由于能够自动从输入数据学习到有用属性表示的复杂映射，这使得深度学习模型在高维输入（例如图像和文本处理）的任务中有非常高的精度。

很长一段时间以来，人们已经知道，增加神经网络的深度可以让神经网络学习更复杂的数据映射函数。然而，深度学习直到最近几年才真正开始流行起来，因为使用随机权重初始化和反向传播算法这套常见的求解方法组合在深度神经网络中并不适用。

反向传播算法的一个问题是，当处理过程返回到神经网络

的各个层时，误差会被共享，因此在深度神经网络中，当算法
到达网络的初始层时，误差估计的有效性会大大降低。⊖因此，
神经网络最开始的那些层无法学习到有用的数据转换。然而，
在过去的几年中，研究人员已经开发出了多种新的神经元类型，
能有效地适配反向传播算法的处理。研究还发现，对神经网络
权重的初始化方式的妥善处理也很有帮助。还有两个另外的历
史原因，也曾令深度神经网络训练举步维艰：训练神经网络需
要很强的计算能力；另外，神经网络在训练集很大时才能表现
得最好。然而，正如我们已经讨论过的，近年来，计算能力
和大数据集的可用性显著增加，使得深度神经网络的训练更
加可行。

4.2.4　决策树

　　线性回归和神经网络最适合处理数值类型的输入。但是，
如果数据集中的输入属性主要是标称的或有序的，那么使用其
他机器学习算法和模型（比如**决策树**）可能更合适。

　　决策树将一组"if then, else"规则编码为一个树形结构。
图 4-8 描述了一棵用于判断电子邮件是否为垃圾邮件的决策树。
带圆角的矩形表示对属性的测试，方形节点表示决策或分类节
点。这棵决策树编码了以下规则：*如果电子邮件来自未知发件*

⊖　从技术上讲，误差估计的减少被称为梯度消失（vanishing gradient）
　　问题，因为当算法通过网络返回时，较前层中误差的梯度会消失。

人，则它是垃圾邮件；如果它不是来自未知发件人但包含可疑的单词，那么它也是垃圾邮件；如果它既不是来自未知发件人也不包含可疑的单词，那么它不是垃圾邮件。在决策树中，从树的根节点开始，通过对实例进行一系列自顶向下的属性测试进行决策。树中的每个节点都绑定了一个要测试的属性，在自顶向下的处理过程中，每个节点根据实例的属性值来选择匹配的下降分支。当实例下降到终止节点（terminating node）（或叶子节点（leaf node））时，得到最终决策。

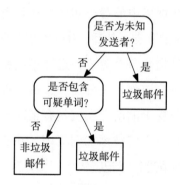

图 4-8　一棵用于判断邮件是否为垃圾邮件的决策树

决策树中的每条路径（从根节点到叶子节点）定义了一系列由属性测试组成的分类规则。决策树学习算法的目标是找到一组分类规则，将训练数据集划分为多个具有相同目标属性值的子集。其原理是，如果分类规则可以从数据集中分离出具有相同目标值的实例的子集，并且如果该分类规则对新实例成立（即该实例沿与当前规则对应的路径从根节点下降到叶子节点），那么基于符合该规则的训练集子集的目标属性值对新实例的目标属性值进行预测很可能是正确的。

在决策树学习领域中，ID3 算法（Quinlan 1986）是大多数现代机器学习算法的鼻祖。ID3 以递归、深度优先的方式构建决策树，从根节点开始每次添加一个节点。首先选择要在根节点上测试的属性。对测试属性值域中的每个值，从根节点开始生成分支，并使用该值作为分支的标签。例如，某测试属性的值域只有两个值，则该节点将具有两个（向下的）分支。然后对数据集进行划分：数据集中的每个实例都分配到与实例的测试属性值匹配标签对应的分支。然后，ID3 按照与创建根节点的流程相同的流程递归地增长每个分支：选择测试属性，为节点添加分支，通过将实例分流到相关分支中来拆分数据集。此过程将继续进行，直到分支上的所有实例具有相同的目标属性值。在这种情况下，终止节点将被添加到树中，并使用分支上所有实例共享的目标属性值进行标记。⊖

ID3 为树中的每个节点选择要测试的属性，以最小化创建纯集（pure set，即对于目标属性具有相同值的实例集）所需的测试次数。测量集合纯度的一种方法是使用克劳德·香农提出的熵（entropy）来度量。集合可能的最小熵为零，纯集的熵为

⊖ 该算法还可能会终止于两种极端情况：在分割数据集之后，某分支最终没有输入实例，或者所有输入属性已经在根节点和分支之间的节点上使用过了。在这两种情况下，都会添加一个终止节点，其目标属性被赋值为分支父节点相应属性的众数值。

零。集合的最大熵的数值取决于集合的大小以及集合中可以包含的不同类型元素的数量。当集合中的所有元素属于不同类型时，集合将具有最大熵。[⊖] ID3 在每个节点选择使数据集分割后加权熵最小化的属性作为测试数据。属性对应的加权熵的计算方法如下：（1）使用属性划分数据集；（2）计算数据集分割后对应的熵；（3）以子集占原始数据集的比例为权重，对熵加权；（4）对加权后的熵求和。

表 4-2 列出了一封电子邮件的数据集，每封电子邮件都有多个属性，其中有一个描述邮件是否为垃圾邮件的特殊属性。对于具有附件的电子邮件，"Attachment"属性为 True，否则为 False（在此电子邮件示例中，没有任何电子邮件具有附件）。如果电子邮件包含预定义的可疑单词列表中的一个或多个单词，则"Suspicious Words"属性为 True。如果电子邮件的发件人不在收件人的地址簿中，则"Unknown Sender"属性为 True。这是用于训练图 4-8 中所示的决策树的数据集。

在这个数据集中，属性"Attachment""Suspicious Words"和"Unknown Sender"是输入属性，"Spam"是目标属性。与其他属性相比，"Unknown Sender"属性能将数据集分割为更纯的子集（一组包含"Spam = True"的实例，另一组中绝大多数包含了"Spam = False"的实例）。其结果是，"Unknown

---

⊖　有关熵及其在决策树算法中的应用的介绍，请参考 Kelleher、Mac Namee 和 D'Arcy（2015）中关于基于信息的学习。

Sender"属性的测试被放置在根节点处（见图4-9）。

表4-2　一个电子邮件数据集：是否为垃圾邮件

附件	是否包含可疑单词	是否为未知发送者	是否为垃圾邮件
否	否	是	是
否	合	是	是
否	是	否	是
否	否	否	否
否	否	否	否

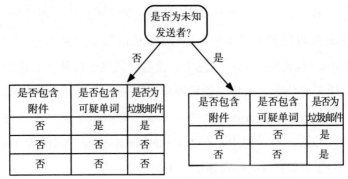

图4-9　在决策树中创建根节点

　　初始分割完成后，所有右侧分支上的实例都具有相同的目标属性值。但是，左侧分支上的实例具有不同的目标属性值。使用"Suspicious Words"属性拆分左侧分支上的实例会产生两个纯集：一个是属性值"Spam = False"的实例集，另一个是属性值"Spam = True"的实例集。因此，选择"Suspicious Words"作为左侧分支新节点的测试属性（见图4-10）。此时，

每个分支末尾的数据子集都是纯的，因此算法完成并返回图 4-8
所示的决策树。

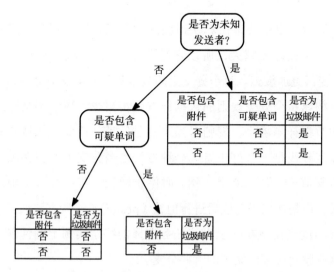

图 4-10　将第二个节点添加到决策树中

决策树的优势之一是易于理解。此外，还可以基于决策树
创建非常准确的模型。例如，**随机森林**（random forest）模型
由一组决策树组成，其中每棵决策树在训练数据的随机子样本
上训练，并且模型为单个查询返回的预测是所有决策树预测中
的平均值。在随机森林里，虽然决策树可以很好地处理标称和
有序类型数据，但它们仍然难以处理数值类型数据。在决策树
中，对于在节点上测试的属性值域中的每个值，会为之派生出
一个单独的分支。但是，数值属性在其域中具有无限数量的值，

这意味着树将需要无限数量的分支。该问题的一个解决方案是将数值属性转换为有序属性，尽管这样做需要定义适当的阈值，这也可能是困难的。

最后，由于决策树算法递归地对数据集进行划分，因此会导致决策树越来越大，所以它对噪声（例如，被错误标记的实例）变得更加敏感。每个分支上的数据实例子集变得更小，因此用于构建每个分类规则的数据样本变得更少。用于定义分类规则的数据样本越小，规则对噪声就越敏感。因此，保持决策树的深度较浅是一个好主意。一种方法是当分支上的实例数小于预定阈值（例如，20 个实例）时停止增长。有些方法不限制树生长，但是在构建完成后进行剪枝（prune）。这些方法通常使用统计测试或模型在一组为该任务选择的特定实例上的性能，以识别应删除决策树底部的哪些分支。

4.3 数据科学中的偏差

机器学习的目标是基于数据集构建具有适当泛化能力的模型。数据集生成的机器学习模型的泛化能力主要与两个因素有关。第一个因素是运行算法的数据集。如果数据集不能代表总体，则算法生成的模型将不准确。例如，早些时候我们开发了一个回归模型，用于根据个体的 BMI 指标预测其发展为 2 型糖尿病的可能性。该模型是基于美国男性白人的数据集生成的。

因此，如果用于预测女性或不同种族、不同民族背景的男性患糖尿病的可能性，该模型不太可能是准确的。术语"*采样偏差*"（sample bias）一词描述了选择数据集的过程如何为后续分析引入偏差，无论是统计分析还是使用机器学习生成预测模型。

影响机器学习算法从数据集中构建出来的模型的第二个因素是机器学习算法的选择。有多种不同的机器学习算法，每种算法都以不同的方式来编码模型。算法编码的泛化类型称为算法的*学习偏见*（有时也称为*建模偏见*（modeling bias）或*选择偏见*（selection bias））。例如，线性回归算法根据数据对线性泛化进行编码，结果忽略了可能更拟合数据的非线性关系。这通常被认为是一件坏事。例如，采样偏差是数据科学家试图避免的偏差。但是，如果没有学习偏见，就无法学习，算法只能记忆数据。

然而，因为机器学习算法偏向于寻找不同类型的模式，并且因为不存在一个算法在所有情况下都有学习偏差，所以没有最好的机器学习算法。事实上，一个被称为"*没有免费的午餐定理*"（Wolpert 和 Macready 1997）的定理指出，没有一种所谓的最佳机器学习算法在所有数据集上的平均性能超过所有其他算法。因此，CRISP-DM 的建模阶段通常涉及使用不同算法构建多个模型，并比较模型性能以筛选最佳模型。实际上，这些实验是在测试哪种学习偏差平均来说能为给定的数据集和任务生成最佳模型。

4.4 评估模型：泛化而不是记忆

一旦数据科学家选择了一组机器学习算法来试验数据集，下一个主要任务就是创建一个测试计划，用于评估这些算法生成的模型。测试计划的目标是确保准确评估模型在新数据上的性能。基于对数据集的简单记忆的预测模型不太可能在估计新实例的目标属性值方面做得很好。仅记忆数据的模式，其最大的问题是大多数数据集包含噪声。因此，记忆数据的预测模型也记忆数据中的噪声。仅记忆数据的另一个问题是它将预测过程简化为从表中查找，而未解决从训练数据到新数据的泛化问题。

测试计划的一部分涉及数据集如何用于训练和测试模型。数据集必须用于两个不同的目的。首先是找出哪种算法能生成最佳模型。其次是估计最佳模型的泛化性能，即模型在新数据上的表现。评估模型的黄金法则是，模型永远不应该在训练集上进行测试。使用相同的数据对模型进行训练和测试相当于在考试前一晚给学生提供标准答案。这样的话，学生当然会在考试中表现得很好，但是分数并不能真实反映他们对课程的掌握程度。对于机器学习模型来说也是如此：如果模型是根据与训练集的数据相同的数据进行评估的，那么与模型的实际性能相比，评估结果将是偏乐观的。确保模型在训练期间无法接触测试数据的标准过程是将数据集分割为三个部分：训练集、验证集和测试集。分割的比例因项目而异，50∶20∶30 与 40∶20∶40 这样的

评估模型的黄金法则是，
模型永远不应该在
训练集上进行测试。

分割很常见。数据集的大小是决定分割的关键因素，通常，数据集越大，测试集越大。训练集用于训练一组初始模型。然后使用验证集来比较这些模型在未知数据上的性能。通过比较验证集上这些初始模型的性能，我们可以确定哪种算法生成了最佳模型。一旦选择了最佳算法，训练集和验证集就可以合并为一个更大的训练集，并将该数据集输入到最佳算法中以创建最终模型。至关重要的是，不应在选择最佳算法的过程中使用测试集，也不应该用它来训练最终模型。如果遵循这些忠告，则可以使用测试集来估算最终模型在未知数据上的泛化能力。

　　测试计划的另一个主要组成部分是选择在测试期间使用的适当的评估指标。通常，基于模型输出与测试集中列出的输出匹配的程度来评估模型。如果目标属性是数值类型，则残差平方和是测量测试集上模型精度的一种方法。如果目标属性是标称的或有序的，那么估计模型精度的最简单方法是计算模型在测试集中预测时正确的比例。但是，在某些情况下，在模型评估中包含错误分析非常重要。例如，如果在医疗诊断设置中使用模型，模型将病人诊断为健康者远比将健康者诊断为病人严重。将患病者诊断为健康可能导致患者在没有得到适当的医疗护理的情况下被送回家，但如果模型将健康者诊断为病人，则可能通过稍后检查患者发现是误诊。因此，在评估模型性能时，用于评估这些类型模型的评估指标应该提高某种误差的权重，使其凌驾于其他类型误差之上。一旦创建了测试计划，数据科学家就可以开始训练和评估模型了。

4.5 摘要

本章首先指出，数据科学是数据科学家和计算机之间的纽带。机器学习提供了一组从大型数据集中生成模型的算法。但是，这些模型是否有用将取决于数据科学家的专业知识。要使数据科学项目成功，数据集应代表应用领域，并应包含相关属性。数据科学家应评估一系列机器学习算法，以找出能生成最佳模型的算法。模型评估过程应遵循黄金法则，即不应使用训练集来评估生成的模型。

目前在大多数数据科学项目中，选择使用何种模型的主要度量指标是模型精度。但是，数据使用和隐私法规可能会影响机器学习算法的选择。例如，《通用数据保护条例》（General Data Protection Regulations）已于 2018 年 5 月 25 日在欧盟生效。我们将在第 6 章讨论有关数据使用的这些法规，但是现在只想指出，法规中的一些条款似乎规定了对自动决策过程进行解释的权利。⊖这种权利的潜在含义是，使用模型（例如神经网络）时，与个人相关的决策的不可解释性可能会成为问题。在这种情况下，诸如决策树之类的模型由于其透明性和易解释性可能会使这些模型更受青睐。

⊖ 有关"解释权"的辩论，请参见（Burt 2017）。

世界发生了变化，而模型却没有与时俱进。机器学习过程中隐含的数据集构建、模型训练和模型评估假设未来与过去相同。这种假设被称为**平稳性假设**（stationarity assumption）：被建模的过程或行为在时间上是固定的（即它们不会改变）。数据集本质上是有时效性的，因为数据是对过去观察到的现象的表示。因此，实际上，机器学习算法执行的是在历史数据中搜索可能推广到未来的模式。显然，这种假设并不总是成立。数据科学家使用概念漂移（drift）来描述过程或行为随着时间的推移而变化。这就是模型会过时并需要重新训练的原因，以及为什么 CRISP-DM 包括图 2-3 所示的外圈以强调数据科学是迭代的。流程需要重新部署以确保模型没有过时，如果模型过时了，它应该被重新训练。这些决策中的大多数都不能被自动化处理，需要人类的洞察力和知识。计算机将回答它提出的问题，但除非小心，否则很容易提出错误的问题。

第5章

标准的数据科学任务

数据科学家最重要的技能之一就是将现实生活中的问题抽象为标准的数据科学任务。大多数数据科学项目可以归类到以下的四类任务中：

▲ 聚类（或细分（segmentation））

▲ 异常值检测（或离群点检测）

▲ 关联规则挖掘（Association-rule mining）

▲ 预测（包括分类和回归等子问题）

了解当前项目致力解决的问题对很多项目决策都有帮助。例如，训练一个预测模型时要求数据集中的每个实例都包含目标属性值。因此，了解项目涉及的预测任务可以为数据集设计方面提供指导（结合需求）。了解该任务还可以知晓将使用何种机器学习算法。虽然存在大量的机器学习算法，但每种算法都是针对特定数据挖掘任务设计的。例如，生成决策树模型的算法主要用于预测任务。机器学习算法与机器学习任务之间存在多对一关系，因此了解机器学习任务并不能确切地告诉你应使用哪种算法，但它确实定义了一组适用于该任务的算法。由于数据科学任务同时影响数据集设计和机器学习算法的选择，因此必须在项目生命周期的早期做出项目将执行何种任务的决策，理想情况是在 CRISP-DM 生命周期的业务理解阶段。为了更好地理解这些任务，本章将介绍标准业务问题是如何映射到机器学习任务上的。

5.1 谁是我们的目标客户（聚类）

对营销和销售活动的支持是最常见的数据科学商业应用之一。设计有针对性的营销活动需要了解目标客户。大多数企业都有各种各样的客户，他们的需求迥异，因此使用一刀切的方法很可能会遭遇滑铁卢并失去大量客户。更好的方法是尝试识别多个客户角色或客户配置文件，将每个客户划入特定的用户群，同一用户群拥有类似的偏好，然后为每个角色设计有针对性的营销活动。尽管角色划分可以借助领域专业知识，但最好基于企业客户隐私数据来划分。对客户的认知，人类的直觉常常会忽略重要的、不明显的部分，或者无法提供细致入微的营销所需的粒度级别。例如，Meta S. Brown（2014）报道了在一个数据科学项目中，介绍了为何著名的"足球妈妈"（一个郊区对客户的认知，人类的直觉常常会忽略重要的、不明显的部分，或者无法提供细致入微的营销所需的粒度级别。

的家庭主妇，她花费大量时间开车送孩子去踢足球或参加其他体育锻炼）的经历并没有让目标客户群产生共鸣。然而，使用数据驱动的聚类处理能识别出更有针对性的客户类型，例如全天在外工作的将孩子托管的妈妈，兼职工作的孩子上高中的妈妈，以及对食物和健康感兴趣并且但没有孩子的女性。区分这些角色为营销活动定义了更清晰的目标，并可能突出显示客户群中以前未知的细分市场。

与这种分析对应的标准的数据科学方法为聚类任务。聚类涉及将数据集中的实例分隔为若干个簇，簇内数据实例相似，簇间数据不相似。通常，聚类需要分析师预先确定聚类产生簇的个数。该决定可以基于领域知识，也可以基于项目目标。然后对数据执行聚类算法，簇的个数作为聚类算法的输入参数之一。然后，算法基于数据实例属性值向量的相似性将数据集分割为指定个数的簇。一旦算法执行完毕，会产生若干个簇，领域专家会人工检验这些簇，以判断它们是否有意义。在设计营销活动的背景下，该检验涉及检查这些簇是否代表了合理的客户角色或识别了之前未考虑的新角色。

可用于描述客户群的属性集的范围很广，但一些典型范例中包含了人口统计信息（如年龄、性别等），位置（邮政编码、农村或城市地址等），交易信息（例如他们购买了什么产品或服务），公司从客户身上获得的收益，多长时间的客户，是否为忠实客户，是否曾退订产品或对服务提出投诉，等等。与所有数据科学项目一样，聚类的最大挑战之一是决定要包含哪些属性以及要排除哪些属性以获得最佳结果。属性选择决策涉及实验的迭代和对每轮迭代结果的人工分析。

机器学习中最著名的聚类算法是 k-means 算法。这里的 k 是簇的个数，k 的值是预定义的，并且通常通过尝试不同的 k 值来确定最佳的簇个数。k-means 算法假定数据集中的所有属性都为数值类型。如果数据集包含非数值类型的属性，则需要将这些属性转换为数值类型以便为 k-means 算法所用，或者修改算法以处理这些非数值类型属性。该算法将每个客户视为点云（point cloud）（或散点图（scatterplot））中的一个点，其中客户的位置由其配置文件中的属性值确定。该算法的目标是在点云中找到每个簇中心（均值）的位置。有 k 个簇，因此有 k 个簇中心（或均值）——这就是 k-means 算法名称的由来。

k-means 算法首先选择 k 个实例作为初始簇中心。目前的最佳实践是使用称为"k-means ++"的算法来选择初始聚类中心。k-means ++ 背后的理念是簇中心点应尽可能地分散。因此，在"k-means ++"中，从数据集中随机选择一个实例并将其设置为第一个簇中心，依次设置第二个和后续的簇中心。该实例的选择概率与到当前最近的集群中心的距离的平方成正比。一旦所有 k 个集群中心都已初始化，该算法将通过迭代以下两个步骤来工作：首先，将每个实例分配到最近的簇中心；然后，将簇中心点更新为簇中数据实例的均值。在第一次迭代中，实例被与所有数据科学项目一样，聚类的最大挑战之一是决定要包含哪些属性以及要排除哪些属性以获得最佳结果。

分配给"*k*-means ++"算法返回的距离最近的簇中心，然后更新这些簇中心，使它们位于分配给它们的实例集的中心。移动簇中心可能会使它们更接近某些实例并且更远离其他实例（包括远离已分配给簇中心的某些实例）。然后，将实例重新分配给最近更新后的簇中心。某些实例仍将被分配给同一个簇中心，其他实例可能会重新分配给新的簇中心。实例分配和簇中心更新的过程持续进行，直到某次迭代期间没有实例分配给新的簇中心。*k*-means 算法的输出是不确定的，这意味着簇中心的不同起始位置可能会产生不同的簇。因此，算法通常会被运行多次，然后比较这些输出结果，看看哪些簇在数据科学家的领域知识和理解的情况下是最合理的。

当种簇划分（客户分组）被认为是有用的时候，通常会给这些簇赋予能表征客户特征的名称。每个簇中心实际上定义了不同的客户类型，其描述可以通过相应的簇中心属性值来生成。*k*-means 算法不需要返回等大小的簇，实际上，它通常返回不同大小的簇。但是，簇的大小可能很有用，因为它们可以帮助指导营销。例如，聚类过程可能会揭示当前营销活动应该关注而实际上没有关注的小规模客户群。或者，另一种策略可能是关注包含产生大量收入的客户群。无论采用何种营销策略，了解客户群中的细分市场是营销成功的先决条件。

聚类作为一种分析方法拥有很多优点，其中之一就是它适用于多种数据类型。由于聚类的通用性，在许多数据科学项目的数据理解阶段，它经常被用作数据探索工具。此外，聚类适用的领域也很广泛。例如，它被用来分析某门课程的学生，以确定哪些学生需要额外的支持或更喜欢不同的学习方法。它还被用于识别语料库中的相似文档；在科学上，它还被用于在生物信息学的微阵列分析中，分析基因序列。

5.2 这是欺诈吗（异常值检测）

异常值检测或离群点分析涉及搜索和识别数据集中的非典型实例。这些非典型实例通常被称为**异常值**或**离群点**。异常值检测通常用于分析金融交易，以识别潜在的欺诈活动并启动调查。例如，异常值检测可能会发现存在欺诈交易的信用卡。

大多数公司在最初处理异常检测时使用了基于领域专业知识的人工规则，这种方法能帮助识别异常事件。规则集通常以使用 SQL 或其他语言来定义，并在业务数据库或数据仓库中的数据上运行。一些编程语言已经开始包括特定命令以便于编码这些类型的规则。例如，关系数据库中 SQL 语言中通常实现了包括 MATCH_RECOGNIZE 函数在内的工具，以帮助匹配数据存在的模式。信用卡欺诈存在一个常见模式：当信用卡被盗时，小偷首先通过信用卡购买小物品来检查信用卡是否正常工作，如果该交易通过，小偷会在卡注销前尽可能购买贵重的商品。SQL 中的 MATCH_RECOGNIZE 函数使得数据库程序员能够编写脚本，识别符合特定模式的信用卡事务序列，并自动执行锁卡操作或者向发卡公司报警。随着时间的推移，当识别更多异常事务被识别时，例如，客户举报欺诈性事务，识别异常事务的规则集会被适当扩展以处理这些新实例。

基于规则的异常值检测方法存在一些问题，主要缺点是以这种方式定义规则意味着只有在异常事件发生并且引起公司注意之后才能识别异常事件。理想情况下，大多数组织希望能够在首次发生时识别异常，或者已经发生但尚未人工报告。在某些方面，异常值检测与聚类相反：聚类的目标是识别相似实例的群组，而异常值检测的目标是查找数据集中的非典型实例。通过这种直觉，聚类也可用于自动进行异常值检测。将聚类有两种用于异常值检测的方法。第一种方法是普通数据聚集在一簇中，而异常记录出现在不同的簇中。包含异常记录的簇规模通常比较小，因此能与包含常规记录的大簇区别开来。第二种方法是测量每个实例与集群中心之间的距离。距离集群中心越远，异常可能性越大，因此需要进行检查。

异常检测的另一种方法是训练预测模型，例如决策树，以将实例分为异常类型或非异常类型。不过，训练此类模型通常需要包含异常记录和正常记录的训练数据集。此外，仅仅少数几个异常记录实例是不够的；为了训练正常的预测模型，数据集需要包含合理数量的来自每个类别的实例。理想情况下，数据集应该是平衡的；在二元结果（binary-outcome）案例中，平衡意味着两类数据是按 50：50 比例分割的。通常获取异常类型的训练数据是不可行的：根据定义，异常是罕见事件，发生概率约为 1% 到 2% 甚至更少。该数据约束排除了使用正常的、现成的预测模型。幸运的是，有一类机器学习算法称为**单类分类器**（one-class classifier），它被设计用于处理典型的不平衡的异常检测数据集。

单类 SVM（Support Vector Machine，即支持向量机）算法是一种著名的单类分类器。一般来说，单类 SVM 算法将数据视为一个单元（即单个类），并标识实例的核心特征和预期行为。然后，该算法将指出每个实例与核心特征和预期行为的相似或不同之处。然后可以使用这些信息来确定需要进一步检验的实例（即异常实例）。实例越不相似，就越应该被检验。

异常实例很少的这一事实意味着它们容易被忽略并且难以识别。因此，数据科学家经常组合使用各种不同的模型来检测异常。这种策略认为不同的模型将捕获不同类型的异常。通常，业务规则已经规定了很多种异常行为，而模型与这些规则互补。将不同的模型集成到决策管理解决方案中，使每个模型的预测能为最终的预测决策提供输入。例如，如果交易仅被四个模型中的一个识别为欺诈行为，则决策系统会判定它不是真正的欺诈行为，并且可以忽略该交易。然而，相反，如果四个模型中的三个或四个判定交易是欺诈行为，则该交易将被标记并提供给数据科学家检验。

异常检测可以应用于信用卡欺诈之外的许多问题领域。更普遍的是，票据清算中心（clearing houses）用它来识别那些需要进一步调查的金融交易，如潜在的欺诈或洗钱案件。也可用于保险索赔分析，以识别不符合公司典型索赔的案例。在网络安全中，该技术能通过检测员工可能的黑客行为或非典型行为来识别网络入侵。在医学领域，识别医疗记录中的异常可用于诊断疾病和研究治疗及其对身体的影响。最后，随着传感器的激增和物联网（Internet of Things）技术的日益普及，异常检测将在监测数据和发生异常传感器事件并需要采取措施时，在提前预警方面发挥重要作用。

5.3 你要配份炸薯条吗（关联规则挖掘）

销售领域的标准策略是交叉销售，换句话说是向客户推荐可能感兴趣的配套产品或其他产品。其理念是当用户购买商品时，以某种用户友好的服务来提醒客户忘记购买了某些相关的商品，以尽量提升客户的总体消费。交叉销售的典型例子是汉堡餐厅的服务员询问刚订购汉堡包的顾客："你要配份炸薯条吗？"超市和零售商都知道这个事实，顾客通常一次购买一组商品，因此它们会利用这个信息创造交叉销售的机会。例如，在超市购买热狗的顾客也可能购买番茄酱和啤酒。使用此类信息，商店可以规划堆放商品的布局。在热狗附近放置番茄酱和啤酒能帮助顾客快速收集某一组商品，同时也可以提高商店的销量，因为购买热狗的顾客可能会看到并购买他们忘记的所需的番茄酱和啤酒。了解商品之间的此类关联是所有交叉销售的基础。

关联规则挖掘是一种无监督的数据分析技术，旨在查找经常共同出现的项（Item）。关联挖掘的经典案例是**市场购物篮分析**（market-basket analysis），零售公司往往试图去识别一起被购买的商品组，例如热狗、番茄酱和啤酒。为了对此类数据进行分析，企业会跟踪每个客户在每次访问商店期间购买的商品的集合（或购物篮）。购物数据集中的每一行描述特定客户在某次访问商店时购买的一组商品。因此，数据集的属性是在超市购买的商品。根据这些数据，关联规则挖掘会找出在每组商品中共同出现的项。与聚类和异常值检测不同，聚类和异常值检测侧重于识别数据集中实例（或行）之间的相似性或差异性，关联规则挖掘侧重于探究数据集中属性（或列）之间的关系。从一般意义上来讲，该方法的目标是寻找商品项之间的相关性，即度量商品之间的共现关系。使用关联规则挖掘，企业可以通过查找数据中可能存在的模式来解答客户行为相关问题。购物篮分析可以帮助解答以下问题：**营销活动是否有效？特定客户的购买模式有变化吗？客户身上是否发生过重大的生活事件？产品位置是否会影响购买行为？我们应该以谁为目标推销新商品？**

Apriori 算法是最主流的关联规则挖掘算法。它主要有两个处理步骤：

1. 在事务集中查找满足预设的最小频率阈值的所有项组合。这些组合称为**频繁项集**。

2. 在频繁项集的基础上，产生能描述项之间共现关系的规则集。Apriori 算法计算频繁项集中某个项在其他某个或某些项出现的前提下的出现概率。

Apriori 算法生成表示频繁项集中项之间的概率关系的关联规则。关联规则的形式为"**IF 前件，THEN 后件。**"它表明一个项或一组项（前件）出现时，暗示同一购物篮中的另一个项有一定的出现概率。例如，从包含 A、B 和 C 的频繁项集中导出的规则可能是这样的，如果 A 和 B 包含在事务中，那么该事务可能还包含 C：

IF {hot-dogs, ketchup}, THEN {beer}

该规则表明购买热狗和番茄酱的顾客也可能购买啤酒。能展示关联规则挖掘威力的一个常见例子是**啤酒与尿布案例**，该案例描述了 20 世纪 80 年代美国一家未知的超市如何使用早期计算机系统来分析其交易数据，并确定了客户购买记录中尿布和啤酒之间的隐藏关联。为解释这一规则发明了一套理论：有小孩的家庭正在为周末做准备，因此可以推断他们需要尿布且同时在家里举办社交活动。商店将这两件物品摆放在一起，销售额会飙升。啤酒和尿布的故事已经被揭穿是杜撰，但它仍然是关联规则挖掘为商家带来潜在收益的一个极好的例子。

有两个与关联规则相关的指标：**支持度**（support）和**置信度**（confidence）。关联规则的**支持度**百分比，即包括前件与后件共现次数在交易事务总数中所占的比例——规则中多个项一起出现的频率。关联规则的**置信度**百分比，即交易事务中前后件共现次数与前件出现次数的比值——前件出现时后件出现的条件概率。因此，例如热狗、番茄酱与啤酒相关的关联规则的置信度为75%，这表明75%的客户在同时购买**热狗**和**番茄酱**的情况下，也购买了啤酒。规则的支持度得分只是简单记录了规则涉及项在购物篮数据集中出现的百分比。例如，5%的支持度表示购物篮数据集中有5%的交易记录包含"**热狗、番茄酱和啤酒**"规则中所有的三个项。

即使是小数据集也可能生成大量的关联规则。为了控制这些规则的分析复杂性，通常将生成的规则集裁剪为仅包括具有较高支持度和置信度的规则。没有高支持度或高置信度的规则不会令人感兴趣，因为这种规则只涵盖了很小比例的购物篮记录（低支持度），或者因为前件项和后件项之间的关系很低（低置信度）。也应该修剪那些显而易见的或令人费解的规则。显而易见的规则指的是业务领域中众所周知的关联。而令人费解的规则指的是莫名其妙的关联，公司很难对它进行有用的转化。一个令人费解的规则很可能是从非典型样本集中导出来的（即规则代表关联是可疑的）。一旦修剪了规则集，数据科学家就可以分析精选出来的规则，以了解哪些产品之间相互关联，并在企业中应用这些新信息。企业通常会使用这些新信息来确定商店布局或对其客户执行一些有针对性的营销活动。这些营销活动可能涉及对其网站的更新，更新包括推荐产品、上线店内广告、向用户发邮件、结算时交叉销售其他产品等。

如果购物篮与客户的人口统计数据相关联，则关联挖掘更能发挥出强大的威力。这就是为什么这么多零售商推崇积分卡模式的原因，因为这种商业模式不仅允许它们将特定时间段内多个购物篮中的商品与同一客户联系起来，而且还允许它们将购物篮中的商品与客户的人口统计数据联系起来。在关联分析中引入人口统计信息使分析能够聚焦于特定人口，这有助于精准营销及广告投放。例如，基于人口统计信息的关联规则可以用于新客户，对于这些新客户，公司没有历史购买信息，但有人口统计信息。下面是一个基于人口统计信息的关联规则的例子：

IF 性别（男）and 年龄（< 35）and { 热狗 , 番茄酱 },

THEN { 啤酒 }。

[支持度 = 2%, 置信度 = 90%。]

关联规则挖掘的标准应用领域关注于购物篮中的商品以及购物篮中没有的商品。这假设商品是在一次访问商店或网站时购买的。这种场景可能适用于大多数零售和其他相关场景。然而，关联规则挖掘在零售之外的许多领域也能大显身手。例如，在电信行业中，将关联规则挖掘应用于客户使用情况，可以帮助电信公司设计如何将不同的服务打包在一起进行销售。在保险业中，关联规则挖掘用于探索产品和索赔之间是否存在关联。在医学领域，它用于检查现有的和新的治疗方法和药物之间是否存在相互作用。在银行和金融服务中，它用于探究客户通常拥有什么产品，以及这些产品是否可以应用于新客户或现有客户。关联规则挖掘还可以用于分析一段时间内的购买行为。例如，今天的顾客倾向于购买产品 X 和 Y，三个月后他们会购买产品 Z。这个时间段可以看作是一个购物篮，虽然它是一个跨越三个月的购物篮。将关联规则挖掘应用到这种临时定义的购物篮中，扩展了关联规则挖掘的应用领域，这些领域包括维护计划、部件替换、服务调用、金融产品等。[21]

5.4 流失还是不流失，这是一个问题（分类）

客户关系管理中的一项标准业务任务是估计单个客户采取行动的可能性。术语倾向性建模（propensity modeling）⊖用于描述此任务，因为目标是模拟某个人做某件事的倾向性。该行动可能是从响应营销活动到拖欠贷款或是弃用现有服务。识别哪些客户可能弃用现有服务的能力对手机服务公司来说非常重要。手机服务公司花费了大量资金来吸引新客户。事实上，据

⊖ 在 Kelleher、Mac Namee 和 D'Arcy（2015）的客户流失案例研究中，对倾向性模型中的属性设计进行了更详尽的讨论。

估计，吸引新客户的成本通常比挽留现有客户的成本高出 5 到 6 倍（Verbeke 等，2011）。因此，绝大多数手机服务公司都非常希望留住现有客户。但是，他们也想降低成本。因此，虽然通过简单地为所有客户降低费率和升级手机留住客户，这样很容易，但这不是一个现实的选择。相反，手机服务公司希望能定位到那些在不久的将来可能会流失的客户，并向他们提供优惠。如果能识别将要流失的客户，并利用升级套餐或者新套餐挽留住该客户，那么企业可以节省给客户的更大折扣或吸引新客户的成本。

术语**客户流失**（customer churn）用于描述客户弃用当前服务转而使用其他服务的过程。因此，预测哪些客户可能在不久的将来离开的问题被称为**客户流失预测**。顾名思义，这是一项预测任务。预测任务将客户分类为是否有流失风险这两类。许多公司正在使用这种分析技术来预测电信、公用事业、银行、保险及其他行业的客户流失情况。企业越来越关注的一个领域是员工流失率，即对员工流失率的预测：哪些员工有可能在一段时间内离开公司。

当预测模型返回输入的标签（label）或类别（category）时，称为**分类模型**。训练分类模型需要历史数据，其中每个实例都被打上标签，用来指示该实例与特定事件对应。例如，客户流失分类需要一个数据集，其中为每个客户（每个客户对应数据集中的一行）分配一个标签，表明他是否从本公司流失。数据集包括一个特殊的属性，称为**目标属性**，该属性中存储的就是客户标签。在某些情况下，为客户记录分配是否流失的标签是一项相对简单的任务。例如，客户可能已经联系了企业并明确地取消了他的订阅或合约。但是，在其他情况下，可能无法捕捉到显式的流失事件信号。例如，并不是所有的手机用户都使用包月业务（monthly contract）。一些客户签订了"按需付费"（pay-as-you-go，或 prepay）合同，当他们需要更多额度时，会不定期地为自己的账户充值。判定具有这种类型合约的客户是否出现异常情况可能比较困难：有两周没有打电话的客户是否出现了异常情况？客户在最近三周内保持零余额并且没有参与任何活动是否意味着将要流失？一旦从业务角度定义了流失事件，就需要在代码中对其编码，以便为数据集中的每个客户指派对应的标签。

在构建一个客户流失预测模型的训练数据集时，一个复杂的因素是需要考虑时间滞后性。客户流失预测的目标是对客户在某个时间点的流失倾向（或可能性）建模。因此，构建此类模型的数据集时要考虑时间维度属性（近期的），属性值的计算参考了两个单独的时间周期：**观察周期**（observation period）和**流失周期**（outcome period）。观察周期指的是输入属性被计算的时间。流失周期指的是目标属性被计算的时间。创建客户流失模型的业务目标是使业务部门能够在客户流失之前进行某种干预——换言之，吸引客户继续使用该服务。这意味着必须在客户实际离开服务之前的某个时间段内进行客户流失预测。该时间段的长度就是流失周期的长度,而流失预测模型返回的预测实际上是对客户在此流失周期内流失的预测。例如,可以训练模型用于预测客户将在一个月或两个月内的流失概率,这取决于执行干预的业务流程的迭代速度。

定义流失周期会影响模型输入数据的选择。如果该模型是为了预测客户在模型运行之日起两个月左右流失的可能性,那么在模型训练时,应该仅使用已流失客户离开服务前两个月左右的数据,它们作为数据实例的常规属性,输入给模型。描述当前活动客户的输入属性也应该使用关于这些客户两个月前活动的数据来计算。以这种方式创建数据集可以确保数据集的实例中同时包括已流失的客户和活跃客户,能准确描述那些模型将要预测的人群的行为,在该范例中,选取的是客户两个月前的数据(不论他们是否流失)。

几乎所有的客户倾向预测模型都将描述客户人口统计信息的属性作为输入:**年龄**、**性别**、**职业**等。在线上服务相关的场景中,它们也可能包含描述客户在客户生命周期中所处阶段相关的属性:**加入**、**存留**、**合约结束**。也可能包含行业相关的属性。例如,电信行业客户流失模型中使用的典型属性包括客户的平均账单、计费金额的变化、平均使用率、是否超过套餐时长、网内呼叫与漫游呼叫的比率,以及可能使用的电话类型。[1]但是,每个模型中使用的属性因项目而异。**Gordon Linoff** 和

Michael Berry（2011）的报告中称，在韩国的一个客户流失预测项目中，研究人员发现描述特定型号手机对应的流失率的属性很有用（即在观察周期内，使用该手机的客户流失的比例是多少）。然而，当他们在加拿大建立类似的客户流失模型时，手机 / 流失率属性毫无用处。两种场景的不同之处在于，在韩国，手机服务公司提供给新客户新手机的折扣力度非常大；而在加拿大，新老客户享受相同的折扣。最终的结果是韩国的手机过时导致客户流失，在这种情况下人们往往倾向于更换运营商来享受折扣，而在加拿大，这种流失动机并不存在。

一旦带标签的数据集被创建，创建分类模型的主要步骤是使用机器学习算法来构建分类模型。在建模阶段，最佳实践是尝试多种机器学习算法，然后优选出最适合当前数据集的算法。一旦选择了最终的模型，就可以通过在模型训练阶段未使用的数据子集上来估算该模型对新实例的预测精度。如果一个模型足够精确并适合业务需求，那么该模型就会被部署并应用，用于对新数据进行批量处理或实时处理。模型部署时，应确保业务流程合理并且资源到位，以便有效地使用模型。仅创建客户流失模型是没有意义的，除非存在这样一个过程：预测到客户流失时必须触发客户干预，从而帮助企业留住客户。

除了预测分类标签之外，预测模型还可以度量模型精度可信度。这种度量称为预测概率（prediction probability），其值介于 0 和 1 之间。置信度越高，预测正确的可能性越大。预测概率可用于帮助优选需要关注的客户。例如，在客户流失预测中，企业希望将注意力集中在最有可能离开的客户上。基于预测概率对流失事件进行排序，企业可以先关注关键客户（那些最有可能离开的客户），然后再去处理得分较低的客户。

5.5　它价值几何（回归）

价格预测是一项估算产品在特定时间点的价格的任务。该产品可以是汽车、房屋、石油、股票或医疗服务。对于正在考虑购买该物品的任何人来说，对价格进行很好的估计显然是有价值的。价格预测模型的准确性取决于业务领域，例如，由于股票市场的变化，预测明天的股价非常困难。相比之下，在拍卖中预测房屋价格可能更容易，因为房价的变化波动比股票波动缓慢得多。

价格预测涉及估算实数值，这一事实意味着它应被视为回归问题（regression problem）。回归问题在处理方式上与分类问题非常相似，在这两种情况下，数据科学解决方案都涉及构建一个模型，该模型可以在给定一组输入属性值的情况下预测缺失的目标属性值。唯一的区别是分类涉及分类属性，而回归涉及实数类型的属性。回归分析需要一个数据集，其中每个实例的目标属性值已经存在。第 4 章介绍的多元线性回归模型说明了回归模型的基本结构，大多数其他回归模型是这种方法的变体。无论应用于什么产品，价格预测回归模型的基本结构都是相同的，不同的是属性的名称和数量。例如，为了预测房屋的价格，输入属性将包括诸如房屋面积、房间数量、楼层数、该地区的平均房价、该地区的平均房屋面积等属性。相比之下，为了预测汽车的价格，属性应包括车龄、里程数、发动机排量、汽车的品牌、车门数量等。在每种情况下，输入适当的数据，回归算法能计算出每个属性是如何影响最终价格的。

与本章中给出的所有其他示例一样，使用回归模型进行价格预测的应用示例仅适用于适合回归类型的问题。回归预测可用于各种预测问题。典型的回归预测问题包括预测利润、销售额、销量、需求量、距离和剂量等。

第 6 章

隐私与道德

如今，数据科学面临的最大未知是，社会如何解决一个老调重弹的问题，即如何在个人或少数群体的自由和隐私与全社会的安全和利益之间做最好的平衡。在数据科学的背景下，这个古老的问题应这样描述：从社会的角度来看，我们应该以什么样的方式合理地收集和使用与个人相关的数据，这些数据将用于打击恐怖主义、医学研究、公共事业、犯罪防治、欺诈检测、信用风险评估、保险承保、精准广告营销等多个领域。

数据科学具有应用前景是因为它提供了一种通过数据理解世界的方法。在当今的大数据时代，数据科学倍受青睐，事实上，开发和采用数据驱动型基础设施和技术是有论据支持的。其中一个观点是数据科学能够提高效率、有效性和竞争力——这一观点至少在与某些业务场景相关的学术研究中得到了印证。例如，2011 年一项涉及 179 家大型上市公司的研究显示，公司决策使用的数据越多，公司的生产效率就越高："我们发现，采用 DDD［数据驱动决策］的生产效率比其他投资和使用常规信息技术的生产效率高出 5%～6%"（Brynjolfsson、Hitt 和 Kim 2011, 1）。

刺激数据科学及其应用增长的另一个因素是安全问题。长期以来，政府一直坚持监视能提高国家安全性的论点。自 2001 年 9 月 11 日以来，每次美国或世界发生恐怖袭击事件后，这一观点都获得了广泛的关注。事实上，它经常用于由爱德华·斯诺登引发的关于美国国家安全局（NSA）的棱镜（PRISM）监控计划及其收集国民隐私数据的公开辩论中。该观点的一个鲜明的例子就是美国国家安全局对位于犹他州布拉夫代尔（Bluffdale）的数据中心投资了 17 亿美元，该数据中心能够存储大量截获的通信数据（Carroll 2013）。

然而与此同时，社会、政府和企业正在努力尝试理解数据科学在大数据领域中的长期影响。鉴于数据收集、数据存储和数据分析等技术的快速发展，其背后对现有的法律框架进行调整以及围绕数据展开广泛的道德讨论（尤其是个人隐私问题）就不足为奇了。尽管存在困难，理解收集和使用数据时应遵循的法律原则是非常重要的，而且会时常用到它们。此外，围绕数据使用和隐私相关的道德辩论，我们作为个人和公民应该意识到一些令人担忧的趋势。

6.1　商业利益与个人隐私

数据科学被认为可以让世界变得更加繁荣和安全。但是对于该观点，经验目标不同的各种组织机构有各自的解读。例如，公民自由组织（civil liberties group）呼吁政府在收集、使用和获取数据方面更加公开和透明，希望赋予公民权利。此外，那些希望利用这些数据提升盈利能力的企业也发出了类似的呼吁（Kitchin 2014a）。事实上，数据科学也是一把双刃剑。廉洁高效的政府可以利用它来改善医疗保健、降低保险费用、构建智慧城市、减少犯罪以及提供更多其他手段来改善居民生活。然而，与此同时，它也可以用来监视私人生活，发送垃圾广告，以公开和隐蔽的方式来控制我们的行为（对监视的恐惧会影响我们，就像监视本身一样）。

即使在相同的应用中，数据科学的矛盾之处往往也是显而易见的。例如，在健康保险承保事务中，数据科学会使用第三方营销数据集，这些数据集包含诸如购买习惯、Web 搜索历史等信息，以及与人们生活方式相关的数百个其他属性（Batty、Tripathi、Kroll，等 2010），使用这些第三方数据是很麻烦的，因为提供者可能会规避某些事情，比如避免访问极限运动网站，以免招致更高的保险费用（Mayer-Schönberger 和 Cukier 2014）。然而，使用这些数据的理由是，它可以作为更难入侵和更昂贵数据源（如血液测试）的替代品，从长远来看，它将降低成本和保险费用，从而增加参加医疗保险的人数（Batty、

Tripathi、Kroll，等 2010）。

在围绕使用个人隐私数据进行定向营销的讨论中，关于商业利益和使用数据科学的道德考虑之间的争论断层是显而易见的。从商业广告的角度来看，使用个人隐私数据的动机是个性化的营销、服务和产品与营销的有效性之间存在关系。研究表明，使用个人的社交网络数据，相比传统营销策略，如能识别与老客户有联系的消费者，可使电信服务的直邮营销（direct-mail marketing）活动的有效性提高 3 至 5 倍（Hill、Provost 和Volinsky 2006）。关于数据驱动的个性化网络营销的有效性也存在类似的说法。例如，2010 年一项对美国在线定向广告的成本和有效性的研究比较了粗放式网络营销（广告全网投放，没有聚焦到特定用户或网站）与基于行为的精准营销的差别⊖（Beales2010）。该研究发现，基于行为的精准营销昂贵（费用高 2.68倍），但也更有效，转化率是粗放式网络营销的 2 倍多。另一项关于数据驱动在线广告有效性的著名研究是由多伦多大学和麻省理工学院的研究人员进行的（Goldfarb 和 Tucker 2011）。他们利用欧盟颁布的一项隐私保护法案⊜，该法案限制了广告公司追踪用户在线行为的能力，以便比较遵循新的限制条件（即欧盟国家）与不遵循该限制条件（即美国或其他非欧盟国家）时在线

⊖ 基于用户行为的营销会使用来自用户在线活动的数据——访问过的网站、点击、在网站上花费的时间等，以及通过预测建模选择向用户展示的广告。

⊜ 欧盟隐私与电子通信指令（2002/58／EC）。

广告有效性的差异。研究发现，在新的限制条件下，在线广告的效果明显不如以前，据报道，参与调查的人的购买意向下降了 65%。这项研究的结果一直备受争议（如 Mayer 和 Mitchell 2012 年的研究），但这项研究一直被用来支持这样一种观点，即关于个人隐私的数据越多，针对该个人的广告就越有效。数据驱动型定向营销的支持者将这一观点定义为广告商和消费者的双赢局面，声称广告商通过减少浪费的广告来降低营销成本，并实现了更好的转化率，而消费者获得了更相关的广告。

　　这种乌托邦式的关于用个人数据进行定向营销的观点，充其量是对该问题的选择性理解。《纽约时报》2012 年的相关报道，可能是定向广告最令人担忧的故事之一，该报告涉及美国折扣零售商 Target（Duhigg 2012）。众所周知，在市场营销领域，客户（他 / 她）购物习惯发生根本改变的时刻有很多，其中之一就是在怀孕和孩子出生的时候。由于这一根本性的变化，营销人员将怀孕视为改变一个人的购物习惯和品牌忠诚度的时机，许多零售商利用公开的出生记录，为新父母推出个性化营销，向他们发送与婴儿产品有关的优惠活动。为了获得竞争优势，Target 希望在准妈妈未主动告知怀孕的情况下，在早期阶段（理想情况下是在怀孕中期）就能找到怀孕的顾客⊖。这种洞察力使得 Target 能够在其他零售商知道婴儿出世之前就开始进

　　⊖　例如，一些准妈妈通过登记参加商店的新妈妈促销活动，明确地告诉零售商她们怀孕了。

行精准营销。为了实现这一目标，Target 发起了一个数据科学项目，目的是通过分析顾客的购物习惯来预测她是否怀孕。该项目的出发点是分析已经登记报名参加宝宝派对的妇女的购物习惯。分析显示，准妈妈们倾向于在妊娠中期开始时购买更多的无味乳液，以及在怀孕前 20 周内购买某些膳食补充剂。在此基础上，Target 创建了一个数据驱动型模型，使用了大约 25 种产品和指标，并为每个客户分配了一个怀孕预测评分。当一名男子出现在 Target 商店抱怨他上高中的女儿收到婴儿服装和婴儿床优惠券这一事实时，这个模型的**成功**就显而易见了。他会指责 Target 试图鼓励他的女儿怀孕。然而，在接下来的几天里发现该男子的女儿实际上已经怀孕但没有告诉任何人。Target 的怀孕预测模型能够识别怀孕的高中生，并在她选择告诉家人之前根据这些信息采取行动。

6.1.1 数据科学的道德启示：画像与歧视

Target 在未被知会的情况下识别出一名怀孕高中生的故事，突显出数据科学在社会画像方面不仅适用于个人，也适用于社会中的小群体。在《你的每一天：新广告业如何定义你的身份和价值》（The Daily You: How the New Advertising Industry Is Defining Your Identity and Your Worth ，2013）一书中，约瑟夫·图罗（Joseph Turow）讨论了营销人员如何使用数字画像将人们分类为 target 或 waste，然后使用这些类别来为每个客户这种个性化差异会导致对某些人的优待和其他人的边缘化。

提供个性化优惠和促销："那些被认为是 waste 类型的用户被忽略或分流到营销人员认为与他们的品味或收入更相关的其他产品中去"。这种个性化差异会导致对某些人的优待和其他人的边缘化。这种歧视的一个明显例子是网站的差异化定价，根据客户画像，同一产品对某些用户的收费高于其他客户（Clifford 2012）。

这些画像数据是通过集成多个数据源的数据来构建的，往往夹杂着噪音，甚至有部分数据缺失，因此这些画像数据常常会误导数据的使用方。更糟糕的是，这些营销画像被当作产品，并经常出售给其他公司，其结果是，对一个人的负面营销评估可能会扩散到多个领域。我们已经讨论了在保险承保时使用营销数据集（Batty，Tripathi，Kroll，等 2010），但是这些画像数据也可以用于信用风险评估和影响人们生活的许多其他决策过程。这些营销画像数据在两个方面存在严重的问题。首先，营销画像就像一个黑盒子，其次，它们是持久的。如果一个人最终被列入禁飞名单或信用黑名单，"就很难确定歧视的理由并对其提出质疑"（Kitchin 2014a，177）。当人们很难知道画像数据是如何描述自己的，何时被采集的，以及如何被应用到决策过程中时，这些画像数据的黑盒特性就很明显了。更重要的是，在当今世界中，数据往往存储很长时间。因此，记录一个人一生中某一事件的数据在事件发生后持续存储很长一段时间。正如 Turow 警告的那样，将画像数据用于个人评估时，个人画像就等价于个人声誉了（2013, 6）。

　　此外，除非非常谨慎地使用，否则数据科学实际上可以延续并增加偏见。有时人们认为数据科学是客观的：它基于数字，因此它不是晦涩的编码或是具有影响人类决策的偏见。事实上，数据科学算法比客观方式更不道德。数据科学从数据中抽取模式，然而，如果数据本身就带有偏见，那么算法很可能识别并抽取出基于偏见的模式。实际上，社会中偏见越一致，描述社会关系的数据越容易蕴涵偏见模式，数据科学算法也就越有可能抽取和复用这种偏见模式。例如，研究人员在一项关于谷歌在线广告系统的学术研究中发现，该系统倾向于向画像数据标记为男性的参与者展示高薪工作，而非女性参与者（Datta、Tschantz 和 Datta 2015）。

　　当数据科学应用于警务时，数据科学算法可以强化偏见的事实会带来巨大的麻烦。预测式警务（Predictive Policing，或缩写为 PredPol），⊖是一种数据科学工具，旨在预测犯罪最有可能发生的时间和地点。当部署在城市中时，PredPol 会生成每日报告，在地图上列出犯罪概率较高的热点区域（500 英尺⊜乘 500 英尺的小区域），当系统推断将要发生犯罪时，还会标出附近正在巡逻的警队信息。美国和英国的警方都部署了 PredPol。这种智能监管系统背后的思想是它能有效地部署警力资源。从

　　⊖　想了解更多关于 PredPol 的信息，请浏览 http://www.predpol.com。
　　⊜　1 英尺 =0.304 8 米。——编辑注

除非非常谨慎地使用，否则数

据科学实际上可以延续

并增加偏见。

表面上看，这似乎是数据科学的合理应用，能帮助警方有效地打击犯罪目标并降低警务成本。然而，有人对 PredPol 的准确性和类似的预测式警务行动的有效性提出了质疑（Hunt、Saunders和 Hollywood 2014；Oakland Privacy Working Group 2015；Harkness 2016）。此外，还有研究注意到此类系统在警务应用中存在潜在的种族或阶层歧视（Baldridge 2015）。根据历史数据部署警力资源可能导致某些地区（通常是经济欠发达地区）分配更多的警力资源——这反而会导致该地区上报的犯罪率更高。换句话说，对犯罪的预测成为一种自说自话式预言。这种循环的结果是，一些地区被警方过度关注，导致居住在这些地区的人与警方的信任崩溃（Harkness 2016）。

另一个数据驱动的警务案例是芝加哥警察局为减少枪支犯罪而使用的战略目标名单（Strategic Subjects List，SSL）。该名单最初于 2013 年创建，当时列出了 426 名枪支暴力犯罪风险较高的人。为了主动防止枪支犯罪，芝加哥警察局联系了 SSL 上的所有人员，警告他们已经受到监视。名单上的一些人非常惊讶自己被列入其中，因为虽然他们确实有轻微犯罪的犯罪记录，但他们的记录中没有使用暴力（Gorner 2013）。警方在收集数据防止犯罪方面存在一个问题，使用的技术到底有多准确？最近的一项研究发现，2013 年 SSL 上的人过失杀人或蓄意枪击他人的可能性并不比对照组高或低（Saunders、Hunt 和 Hollywood 2016）。然而，这项研究还发现名单上的人更有可能因枪击事件而被捕，尽管它确实指出，这些人被列入名单的可能性更大，但是这导致了警察对这些人的关注（Saunders、Hunt和Hollywood 2016）。针对这项研究，芝加哥警察局表示，他们会定期更新 SSL 算法，SSL 的有效性自 2013 年（Rhee 2016）以来有所提高。关于数据驱动的犯罪预防清单的另一个问题是，一个人最终如何出现在名单上？ 2013 版 SSL 似乎是利用个人的其他属性，分析他的社交网络，包括他的熟人被捕和枪击的历史（Dokoupil 2013；Gorner 2013）。一方面，使用社交网络分析是有意义的，但它引发了一个非常现实的问题，即通过关联来定罪。这种方法的一个问题是很难精确定义两个个体之间需要什么样的关联。生活在同一条街上就足以证明存在关联吗？此外，在美国，监狱中的绝大多数囚犯都是非洲裔和拉丁裔男性，允许将关联概念作为警务预测算法的输入可能导致预测主要针对有色人种（Baldridge 2015）。警务预测有这样一个特性：对不同人的区别对待可能不是因为他们做了什么，而是因为数据驱动型分析对他们的预测推断。因此，此类系统可能会通过复制历史数据中的模式来增强歧视，并可能产生自说自话式预言。

6.1.2 数据科学的道德含义：创建一个全景监狱

如果你花时间了解一些围绕数据科学的商业宣传，你就会感觉到，只要提供足够的正确数据，就可以利用数据科学技术

第 6 章　隐私与道德

解决任何问题。此类关于数据科学的营销提供了一种观点，即数据驱动的治理方法是解决复杂社会问题的最佳方式，例如犯罪、贫困、教育落后和公共卫生恶化。为解决这些问题我们需要做的就是将传感器部署到社会中以跟踪、合并所有数据，运行算法提取解决方案所需的关键洞察力。

通常情况下，当这个观点被接受时，两个进程会极速加剧。首先，社会在本质上变得更加技术化，生活的方方面面开始受到数据驱动系统的控制。已存在此类技术监管的案例，例如，在一些司法管辖区中，数据科学目前用于假释听证会（Berk 和 Bleich 2013）和量刑（BarryJester、Casselman 和 Goldstein 2015）。也有司法系统之外的例子，考虑智慧城市技术如何通过算法动态地决定在一天的不同时间，指定路口哪个交通流应获得更高优先级，从而调节城市中的交通流量（Kitchin 2014b）。这种技术主导型监管的副作用是用于支持自动监控系统的传感器的泛滥。第二个进程是"控制蔓延"（control creep），它指的是为某个目的收集的数据被重新利用，并以另一种方式用于管理（Innes 2001）。例如，安装在伦敦公路的摄像机主要用于调节拥堵和交通拥堵费征收（伦敦交通拥堵费是指在高峰期间驾驶车辆的每日费用），已用于安全任务（道奇和 Kitchin 2007）。一种名为 ShotSpotter 的技术是控制蔓延的又一个例子，该技术由城市内的麦克风网络组成，旨在识别枪声并报告它们的位置，同时也记录对话，其中一些已用于实现刑事案件定罪

· 155 ·

（Weissman 2015），并且使用车载导航系统对出入本州的出租车司机进行监控和罚款（Elliott 2004；Kitchin 2014a）。

控制蔓延从某个角度来看是推动合并来自不同来源的数据，以便提供一个更完整的社会图景，进而为获取解决系统中的难题所需的洞察力扫除障碍。通常有很好的理由复用现有数据，事实上，经常有人呼吁将政府不同部门持有的数据合并起来，用于合法用途，例如，用于支持医疗健康研究和为国家及其公民提供便利。然而，从捍卫公民权利的角度来看，这种趋势非常令人担忧。加强监督，整合来自多个来源的数据，控制蔓延和预防控制（例如预测性警务程序）可能会导致社会中的某个人可能仅仅因为一系列无关的无辜行为而遭到怀疑或与数据驱动的监管体系认为的可疑模式匹配。生活在这样的一个社会中，我们每个人都会从自由的公民变成边沁设想的那种囚徒，⊖不断地主动约束自己的行为，害怕别人从自己的行为中推断出什么不好的结论。自由社会和极权主义国家之间的区别主要体现在信仰和行动不受监视的个体与出于恐惧而自律的个体之间的区别。

⊖　18 世纪，杰里米·边沁（Jeremy Bentham）设计了一栋建筑物（Panopticon），
　　如监狱和精神病院。Panopticon 的特点是工作人员可以在囚犯不知情
　　的情况下观察囚犯。这种设计的根本想法是，囚犯被迫表现得好像在
　　任何时候都处于被监视中。

6.2　隐私保护

当个人与现代的技术主导型社会打交道并在其中穿梭时，他们别无选择，只能留下各种数据线索。在现实世界中，视频监控的普及意味着无论个人何时出现在街道、商店或停车场，都可以收集到他的位置数据，而手机的普及意味着许多人可以通过手机被跟踪。真实世界数据收集的其他例子还有信用卡购买记录、超市会员卡的使用、自动取款机取款行为的跟踪以及手机通话的跟踪等。在网络世界中，个人隐私数据可能会在多个环节中被收集，如访问或登录网站，发送电子邮件，网上购物，给约会、餐馆或商店打分，使用电子书阅读器，观看在线公开课上的讲座，或者在社交媒体网站上点赞或发布内容。为了更好地了解现代技术社会中普通人被收集的数据量，2009 年荷兰数据保护局（Dutch Data Protection Authority）的一份报告估计，每个荷兰公民的数据平均被纳入 250 到 500 个数据库中，而社交活动更频繁的人，这个数字会攀升至 1000 左右（Koops 2011）。总的来说，与个人相关的数据点定义了这个人的**数字足迹**（digital footprint）。

数字足迹中的数据可以在两个上下文中收集，这些上下文从隐私角度来看是有问题的。首先，可以在目标对象不知情或没有察觉到的情况下收集数据。其次，在某些情况下，一个人可能选择分享关于自己及其观点的数据，但可能在这些数据的使用方式，或者如何与第三方共享和重新利用这些数据方面几乎没有任何了解或控制。术语数据阴影（data shadow）和数据足迹[⊖]用于区分这两种数据收集的上下文：个人的数据阴影包括没有在当事人了解、同意或意识的情况下收集的关于个人的数据，而个人的数据足迹包括那些公众可获取并且当事人已知情的数据（Koops 2011）。

在用户不知情或未经同意的情况下收集数据当然令人担忧。然而，现代数据科学威力强大，可以从数据中挖掘隐藏模式，这些部分归功于对多源数据的集成与预处理，这意味着即使在用户知情的情况下，个人数据的收集仍存在难以预测的负面影响。当今，随着现代数据科学技术的应用，我们可能不想公开或选择不分享非常隐私的信息，但是它们仍然可以从通过我们可靠地选择后在社交媒体上发布的看似无关的数据中推断出来。例如，许多人愿意在 Facebook 上表示对某些事物的喜爱，因为他们希望借此向朋友展示对他们的支持。然而，通过简单地使用个人在 Facebook 上的喜好，数据驱动的模型可以准确地预测该人的性取向，政治和宗教观点，智力和个性特征，以及是否酗酒成性，或对毒品和香烟上瘾；他们甚至可以确定某个人是否与父母生活在一起，直到他到 21 岁（Kosinski、Stillwell 和 Graepel 2013）。这些模型中所建立的上下文之外的联系，已经得到了很多案例的证实，例如人权运动方面的偏好可以用于预测同性恋（包括男性和女性），以及对本田汽车的喜爱可以用来

⊖　不同于数字足迹。

预测用户不吸烟（Kosinski、Stillwell 和 Graepel 2013）。

6.2.1　保护隐私的计算方法

近年来，人们对数据分析过程中个人隐私保护相关的计算方法越来越感兴趣。最著名的两种方法是差分隐私（differential privacy）和联合学习（federated learning）。

差分隐私是一种数学方法，用来学习针对总体的有用信息，但无须学习群体中个体的信息。差分隐私使用了特殊的隐私定义：如果数据分析过程总能得到相同的结论，无论是否包含特定用户的数据，该客户的隐私无论如何都不会受到侵犯。有很多种处理方法可以帮助实现差分隐私。其核心思想是将噪声注入数据收集操作或数据库查询响应中。噪声保护了个人的隐私，但可以从聚合（aggregate）级别的数据中删除，从而计算出有用的总体级的统计数据。向数据中注入噪声这一处理方法的一个很好的例子是随机响应（randomized-response）技术，它直观地解释了差分隐私处理是如何工作的。该技术的用例是一个调查，包含了敏感的"Yes or No"类型的问题（例如，关于违法、健康状况等）。调查对象须按以下流程回答敏感问题：

1. 掷一次硬币，不透露硬币投掷结果。
2. 如果抛掷结果为反面，响应"Yes"。
3. 如果抛掷结果为正面，如实回答。

其结果是一半的受访者会得到反面，回答"Yes"；而剩下的一半受访者则会如实回答。因此，总体中真正回答"No"的受访者的数量大约是最后统计出来的数量的 2 倍（硬币是公平的且随机选择，因此得到反面的受访者对应的 Yes/No 的分布如实反映了受访者的观点分布）。基于已知的回答"No"的真实计数，我们可以计算出真正回答 Yes 的受访者计数。然而，虽然针对敏感问题响应"Yes"的人数有一个精确的统计数据，但是并不能确定那个"Yes"如实反映了受访者的态度。需要在噪音注入和数据分析时所用数据的有效性之间做一个权衡。差分隐私通过估计给定因素所需的噪声量来解决这种权衡，如数据库中数据的分布，正在处理的数据库查询的类型，以及我们希望通过哪些查询来保护个人隐私。Cynthia Dwork 和 Aaron Roth（2014）介绍了差分隐私，并概述了几种实现差分隐私的方法。差分隐私技术现在已经应用到许多消费产品中。例如，苹果在 iOS 10 中使用差分隐私来保护用户的隐私，同时学习用户的使用模式来改进消息应用程序中的文本预测精度，并改进搜索功能。

在某些场景中，数据科学项目中使用的数据来自多个不同的源。例如，多家医院可能正在为一个研究项目提供服务，或者一家公司正在从一个手机应用程序的大量用户收集数据。这并不是将这些数据集中到单个数据库中并对组合数据进行分析，而是在不同数据源（即各个医院或手机上）对数据子集进行不同的模型训练，然后合并单独训练的模型。谷歌使用这种联合学习方法来改进 Android 上谷歌键盘的查询建议（McMahan 和 Ramage 2017）。在谷歌的联合学习框架中，移动设备最初加载的是当前应用程序的副本。当用户使用该应用程序时，该用户手机上的应用程序数据将被收集，并被部署在手机本地的学习算法中，以更新模型的本地版本。然后将模型的本地更新版本上传到云中，并与从其他用户手机上上传的模型进行调和处理。然后使用这个调和后的版本更新核心模型。通过这种处理，可以改进核心模型，同时保护了每个用户的隐私，只共享模型更新而不共享用户数据。

6.2.2　规范数据使用和保护隐私的法律框架

有关隐私保护和数据使用许可的法律在不同司法管辖区存在着差异。然而，大多数民主国家都有两个核心支柱：反歧视（antidiscrimination）法和个人数据保护（personal-data-protection）法。

在大多数司法管辖区中，反歧视法禁止基于以下任何理由的歧视：残疾、年龄、性别、种族、民族、国籍、性取向、宗教或政治观点。在美国，《民权法案》（Civil Rights Act，1964[一]）禁止基于肤色、种族、性别、宗教或国籍的歧视。后来的立法扩大了

　　[一]　1964 年民权法案，Pub. L. 88-352, 78 Stat. 241，参考：https://www.gpo.gov/fdsys/pkg/STATUTE-78/pdf/STATUTE-78-Pg241.pdf。

这一名单，例如，1998 年的《美国残疾人法案》(the Americans with Disabilities Act，1990 ⊖）将保护范围扩大到残疾人免受歧视。其他许多司法管辖区也实行了类似的立法。例如，《欧洲联盟基本权利宪章》(the Charter of Fundamental Rights of the European Union）禁止基于任何理由的歧视，包括种族、肤色、族裔或社会出身、遗传特征、性别、年龄、出生、残疾、性取向、宗教或信仰、财产、少数民族成员资格以及政治或任何其他观点（Charter 2000）。

不同司法管辖区的隐私法例亦有类似的差异和重叠情况。在美国，《公平信息实践原则》(Fair Information Practice Principles）(1973 ）⊖为该司法管辖区后来的许多隐私立法奠定了基础。在欧盟，《数据保护指令》(Data Protection Directive）(欧盟理事会和欧洲议会，1995 ）是该地区隐私立法的基础。《通用数据保护条例》(General Data Protection Regulations）(欧盟理事会和欧洲议会，2016 ）扩展了《数据保护指令》中的数据保护原则，并提供了一致的、具有法律强制性的跨领域数据保护条例。不过，经济合作及发展组织（ Organisation for Economic Co-operation）(OECD 1980 ）发表的《保障个人隐私及个人信息跨境流动指南》(Guidelines on the Protection of

⊖ 1990 年美国残疾人法案, Pub. L. 101-336, 104 Stat. 327, 参考 https://www.gpo.gov/fdsys/pkg/STATUTE-104/pdf/STATUTE-104-Pg327.pdf。
⊖ 公平信息实践原则可从以下网站获取 https://www.dhs.gov/publication/fair-information-practice-principles-fipps。

Privacy and Transborder Flows of Personal Data），是有关个人隐私及数据的最普遍接受的原则。在该指南中，个人数据被定义为与可识别的个人（即数据主体（data subject））有关的记录。该指南定义了八项（存在重叠）原则，旨在保护数据主体的隐私：

1. 收集限制原则：个人资料只应在资料当事人知情及同意的情况下合法取得。

2. 数据质量原则：所收集的个人资料必须与用途有关；它们应该是准确的、完整的和最新的。

3. 用途明确原则：在收集个人资料时，应告知数据主体有关资料的用途。此外，虽然更改用途是允许的，但不应任意引入（新用途必须与原用途相容），并应向数据主体指明。

4. 使用限制原则：个人资料的使用仅限于数据主体已知悉的目的，未经资料当事人同意或法律授权，不得向第三者披露有关资料。

5. 安全保障原则：个人数据应受到安全保障，以防被删除、盗窃、披露、修改或未经授权使用。

6. 开放原则：数据主体应能在收集、储存及使用其个人数据方面，以合理方便的方式取得数据。

7. 个体参与原则：数据主体有权查阅及质疑个人数据。

8. 问责原则：数据控制者负责遵守这些原则。

包括欧盟和美国在内的许多国家都认可 OECD 的指南。事实上，欧美的《通用数据保护条例》中的数据保护原则可以大致追溯到 OECD 的指南上。《通用数据保护条例》适用于在欧盟内收集、储存、转移及处理与欧盟公民有关的个人数据，并会影响数据向欧盟之外的地区流动。目前，有几个国家正在制定与《通用数据保护条例》类似且一致的数据保护法律。

6.3　通往道德的数据科学之路

众所周知，尽管存在法律框架，但很多国家或州经常以安全和情报的名义，在其公民和外国国民不了解的情况下收集他们的个人数据。例如，美国国家安全局的棱镜计划，英国政府通信总部的 Tempora 项目（Shubber 2013），以及俄罗斯政府的行动调查活动系统（System for Operative Investigative Activity）（Soldatov and Borogan 2012）。这些项目影响了公众对政府的看法和对现代通信技术的使用。2015 年 Pew 的"后斯诺登时代美国人的隐私策略（Americans' Privacy Strategies Post-Snowden）"调查结果表明，87% 的受访者了解政府对电话和互联网通信的监控，而那些了解这些计划的人中有 61% 表示他们对这些声称符合大众利益的计划失去信心，25% 的人表示当他们了解了这些计划以后已经改变了他们使用技术的方式

（Rainie and Madden 2015）。欧洲的调查报告也有类似的结果，超过一半的欧洲人意识到政府机构在大规模收集数据，大多数受访者表示这种监控对他们的在线个人数据被使用时的信任度有负面影响（Eurobarometer 2015）。

与此同时，许多私营企业声称使用衍生、汇总或匿名数据，从而绕过了与个人数据和隐私相关的规定。通过这些方式重新打包数据，公司声称这些数据不再是个人数据，他们认为这些数据允许在个体用户没有意识到或同意的情况下收集数据，也不需要有明确的数据使用目的；可以持有很长一段时间，并在商业机会出现时重新利用或出售数据。许多数据科学和大数据商机的倡导者认为，数据真正的商业价值来自于它们的重用或"可选价值"（optional value）（Mayer-Schönberger and Cukier, 2014）。数据重用的倡导者强调了两项技术创新，这些创新使数据收集和存储成为有意义的商业战略：首先，现在数据可以被动地收集，而被追踪的个人几乎无须为之花费精力；第二，数据存储变得相对便宜。在这种情况下，记录和存储数据是有商业意义的，以防在未来（潜在的不可预见的）商机涌现时举手无措。

囤积、重新利用和销售数据的现代商业实践完全违背了OECE 指南的使用目的规范和使用限制原则。此外，只要公司向消费者提交的隐私协议设计为不可读，或保留公司修改协议的权利，而无须进一步咨询或通知，或两者兼而有之，收集限制原则就会遭到破坏。每当这种情况发生时，通知和授权的过程就变成了毫无意义的勾选。与公众对政府以安全名义进行监控的看法类似，公众对商业网站收集和重新利用个人数据的行为持相当负面的态度。再次使用美国和欧洲的调查问卷作为我们对更广泛的公众舆论的试金石，2012 年对美国互联网用户的调查发现，62% 的受访成年人表示他们不知道如何限制网站收集他们的信息，68% 的受访者表示，他们不喜欢定向广告的做法，因为他们不喜欢自己的在线行为被分析和跟踪（Purcell、Brenner 和 Rainie 2012）。最近一项针对欧洲公民的调查发现了类似的结果：69% 的受访者认为收集他们的数据应该得到他们明确的批准，但只有18% 的受访者真正全面阅读了隐私声明。此外，67% 的受访者表示，他们不阅读隐私声明，因为他们觉得它们太长；38% 的受访者表示，他们觉得它们表述不清晰或太难理解。调查还发现69% 的受访者担心他们的信息被用于计划外的目的，53% 的受访者不喜欢互联网公司使用他们的个人信息来定制广告（Eurobarometer 2015）。

　　因此，目前公众舆论对政府监控个人数据以及互联网公司收集、存储和分析个人数据普遍持负面态度。如今，大多数评论人士都认为，数据隐私法需要改进，而且情况正在发生变化。2012 年，欧盟和美国都发布了关于数据保护和隐私政策的回顾和更新（欧盟委员会 2012；2012 联邦贸易委员会；Kitchin 2014a, 173）。2013 年，OECD 的指南得到了扩展，除其他更新外，还包括与落实问责原则有关的很多细节。特别的，新指南定义了数据控制方有责任制定隐私管理程序，并明确了界定此类程序的内容以及如何根据个人数据进行风险管理（OECD 2013）。2014 年，西班牙公民 Mario Costeja Gonzalez 在欧盟法院对谷歌（C-131/12 [2014]）的诉讼案件中获胜，声称他有权被遗忘。法院裁定，个人可以在特定条件下要求互联网搜索引擎删除搜索个人姓名时返回结果中的网页链接。此类请求的理由包括数据不准确或过时，或者数据的保存时间超过了备份、统计或科学目的所需的合理时间。这一裁决对所有互联网搜索引擎都有重大影响，但也可能对其他大数据囤积者产生影响。例如，目前还不清楚这对 Facebook 和 Twitter 等社交媒体网站到底能产生多大的影响（2015 年 3 月）。被遗忘权（the right to be forgotten）的概念已在某些司法管辖区得到确认。例如，加州的《橡皮擦法》（"eraser" law）规定未成年人有权要求删除他在互联网或移动服务上发布的内容。此外，该法还禁止互联网、在线或手机服务公司为定向广告收集未成年人的个人信息，也禁止第三方公司执行类似的操作。⊖ 最近又发生了一些变化，2016 年欧盟签署并通过了《欧盟 – 美国隐私保护法案》（EU-US Privacy Shield）（欧盟委员会 2016 年）。该法案的重点是协调两

⊖　加利福尼亚州参议院, SB-568 Privacy: Internet: Minors, Business and Professions Code, Relating to the Internet, vol. division 8, chap. 22.1 (commencing with sec. 22580) (2013), 参考：https://leginfo.legislature. ca.gov/faces/billNavClient.xhtml?bill_id=201320140SB568。

个司法管辖区之间的数据隐私义务，目的是当欧盟公民的数据被传输到欧盟之外时，如何加强他们的数据被保护的权利。该法案对商业公司强加了更大的义务，包括数据使用的透明度、强有力的监督机制和可能的惩罚制度，以及公共当局在记录或访问方面的限制和监督机制。然而，在撰写本书时，欧盟－美国隐私保护法案的实施力度和有效性正在爱尔兰法院的一起法律案件中接受检验。爱尔兰法律体系之所以成为这场辩论的中心，是因为许多美国大型跨国互联网公司（如谷歌、Facebook、Twitter 等）的欧洲、中东和非洲总部都设在爱尔兰。因此，爱尔兰数据保护行政长官负责执行欧盟关于这些公司进行跨国数据传输的法规。最近的历史表明，法律案件有可能导致个人数据处理规则发生重大而迅速的变化。事实上，欧盟和美国的隐私保护是奥地利律师、隐私维权人士 Max Schrems 对 Facebook 提起诉讼的直接结果。Schrems 在 2015 年的案件的结果是立即废除现有的《欧盟－美国安全港协议》（EU-US Safe Harbor agreement），而《欧盟－美国隐私保护法案》是作为对这一结果的紧急响应而制定的。与最初的《安全港协议》相比，《隐私保护法案》增强了欧盟公民的数据隐私权（O'Rourke 和 Kerr 2017），很可能在任何新的框架中都会进一步加强这些权利。例如，欧盟《通用数据保护条例》将从 2018 年 5 月起为欧盟公民提供具有法律效力的数据保护。

从数据科学的角度来看，这些例子说明了围绕数据隐私和保护的法规正在不断变化。诚然，这里列出的例子来自美国和欧盟，但它们反映了隐私和数据监管方面的更广泛的趋势。很难预测这些变化在长期内会如何发展。这一领域存在一系列既得利益：读者不妨考察一下大型互联网、广告和保险公司、情报机构、警务当局、政府、医疗和社会科学研究以及公民自由组织的日常议程。这些不同的社会阶层在数据使用方面都有不同的目标和需要，因此在如何塑造数据隐私监管方面也有不同的看法。此外，我们作为个体，可能会根据我们所采用的观点而改变看法。例如，在医学研究的背景下，我们可能很高兴在医学研究上下文中共享和重用个人数据。然而，正如欧洲和美国的民意调查所报道的那样，许多人对在定向广告的上下文中收集、重用和共享数据持保留态度。从广义上讲，围绕数据隐私的未来有两个主题。有一种观点主张加强与收集个人资料有关的法律条例，并在某些情况下授权个人控制如何收集、共享和使用他们的资料。另一种观点主张在数据收集方面放松管制，但也主张用更强有力的法律来纠正滥用个人数据的现象。有这么多不同的利益相关者和观点，对隐私和数据相关问题并没有简单或明显的答案。很有可能所提出的最终解决方案将在多部门的基础上定义，并由利益相关者之间的谈判达成的妥协来构建。

在这种多变的环境下，最好采取保守和合乎道德的行动。当我们致力于为商业问题开发新的数据科学解决方案时，应该考虑与个人数据相关的道德问题。这样做有很好的商业理由。首先，对个人数据采取合乎道德和透明的行动，能确保企业与客户建立良好的关系。围绕个人数据的不当做法可能会对企业的声誉造成严重损害，并导致客户转向竞争对手（Buytendijk 和 Heiser 2013）。其次，随着数据集成、重用、分析和定位的加强，未来几年公众对数据隐私的态度可能会变得更加强硬，从而导致更严格的监管。有意识的、透明的、合乎道德的行动，是确保我们构建的数据科学解决方案避免与当前或未来几年可能出现的法规冲突的最佳方式。

Aphra Kerr（2017）报告了一个 2015 年的案例，该案例说明了不考虑道德因素会对技术开发人员和供应商造成严重后果。该案例导致美国联邦贸易委员会（Federal Trade Commission）根据《儿童在线隐私保护法》（Children's Online Privacy Protection Act）对应用游戏开发商和出版商处以罚款。开发者已将第三方广告整合到了他们的免费游戏中。整合第三方广告是免费商业模式的标准做法，但出现问题的原因是游戏是为 13 岁以下的儿童设计的。因此，在与广告网络共享用户数据时，开发人员实际上也在共享与儿童相关的数据，因此违反了儿童在线隐私保护法案。此外，在一个例子中，开发商没有通知广告网络，这些应用程序是针对儿童设计的。因此，可能会有不合适的广告出现在儿童面前，在这种情况下，联邦贸易委员会裁定，游戏发行商有责任确保向玩游戏的儿童提供适合其年龄的内容和广告。近年来，此类案件越来越多，包括联邦贸易委员会（2012年）在内的许多组织都呼吁企业采用隐私设计原则（principles of privacy by design）（Cavoukian, 2013）。这些原则是在 20 世纪 90 年代制定的，现已成为全球公认的隐私保护框架。它们主张保护隐私应该是技术和信息系统设计的默认操作模式。要遵循这些原则，设计师需要有意识地、主动地考虑将隐私嵌入技术、组织实践和网络系统架构的设计中。

　　尽管道德的数据科学的论点很清楚，但实践起来并不总是那么容易。让道德数据科学的挑战变得更加具体的一个方法是，想象你正在为一家公司工作，作为一名数据科学家，从事对业务至关重要的专业工作。在分析数据时，你已经确定了一些相互作用的属性，它们共同代表了种族（或其他一些个人属性，如宗教、性别等）。此时你知道在法律上你不能在模型中使用种族属性，但是你相信这些代理属性会使你规避反歧视立法。同时你还相信包含这些属性能让模型表现得更好，尽管你也担心这个成功的结果可能是以增强系统现有歧视为代价的。问问自己："我到底该怎么办？"

第 7 章

未来趋势与成功准则

现代社会的一个明显趋势是能够感知和应对世界的智能系统的激增：如智能手机、智能家居、自动驾驶和智慧城市等。智能设备和传感器的激增给我们的隐私保护带来了挑战，但也推动了大数据的增长和新技术的出现与发展，例如物联网（Internet of Things）。 在这种背景下，数据科学将在我们生活的许多方面产生越来越大的影响。不过在未来 10 年中，数据科学将主要在两个领域获得重大突破：个性化医疗（personal medicine）和智慧城市。

7.1 医疗数据科学

近年来，医疗行业一直在研究和使用数据科学和预测分析。传统上，医生在诊断病情或决定接下来的治疗方案时，必须依靠自己的经验和直觉。循证医学（evidence-based medicine）和精准医学（precision-medicine）运动认为，医疗决策应基于数据，理想情况下将最佳的可用数据与个体患者的病症和偏好关联起来。例如，在精准医学的情况下，快速基因组测序技术意味着现在可以分析罕见疾病患者的基因组，以便识别导致疾病的突变，从而设计和选择特定的治疗方法。推动医疗数据科学的另一个因素是医疗保健的成本。数据科学，特别是预测分析，可用于一些医疗保健过程的自动化处理。例如，预测分析已被用于决定何时应该对婴儿和成人使用抗生素和其他药物，业界已广泛报道这种方法挽救了许多生命。

现在，患者佩戴或植入医疗传感器已经司空见惯，用来持续监控患者的生命体征和行为及其器官每天是如何工作的。这些数据不断被收集并反馈给集中式的监控服务器。在监控服务器上，医疗保健专业人员访问患者生成的所有数据，评估他们的状况，了解治疗的效果，并将每个患者的临场症状与具有类似病症的其他患者的症状进行比较，以了解在每个患者的治疗方案中后续会发生什么。医疗科学目前正在使用这些传感器生成的数据，并将其与来自医学界和制药行业的其他来源的数据整合，以确定当前药物与新药的实际效果。目前，根据患者类型、病情以及他的身体对各种药物的反应来制定个性化治疗方案已经变得越来越普遍。此外，现在这种新型医疗数据科学正在开展关于药物及其相互作用的新研究，设计更有效和更详细的监控系统，以及从临床试验中发现更多的医学奥秘。

7.2　智慧城市

世界各地的城市都在采用新技术来收集和使用公民生成的数据，以便更好地管理城市中的组织机构、公共事业和服务。这一趋势有三个核心推动因素：数据科学、大数据和物联网。"物联网"这一名称描述了物理设备和传感器的网络互联，以便这些设备可以共享信息。这听起来可能很平凡，但它有一大优点，可以让我们远程控制智能设备（如家中的设备，如果配置正确的话），物联网使创造机器互联，人机互动并能满足人类即刻需求的智能环境变为可能（例如，现在社区中的智能冰箱可以在食物即将过期时发出警告，并允许通过智能手机订购新鲜牛奶）。

智慧城市项目将许多来自不同数据源的实时数据集成到单个数据中心，在这些数据中心进行分析然后为管理和决策提供有效信息。一些智慧城市项目涉及从头开始建造全新的智慧城市。阿联酋的马斯达尔（Masdar）市和韩国的松岛（Songdo）市都是以智能技术为核心，注重环保和节能的全新城市。然而，大多数智慧城市项目涉及使用新的传感器网络和数据处理中心来对现有城市进行改造。例如，在西班牙的 SmartSantander 项目中,⊖全市安装了 12 000 多个网络传感器,用于测量温度、噪声、环境照明、碳排放和停车。智慧城市项目通常侧重于提高能源效率、规划和路由交通,以及规划公用事业服务以满足人口需求和增长。

日本已经开始拥抱智慧城市概念,特别注重减少能源使用。东京电力公司(TEPC)已在 TEPC 服务网络内的家庭中安装了 1000 多万个智能电表。⊖与此同时,TEPC 正在研发和推出智能手机应用程序,使客户能够跟踪家中用电量,并可实时更改他们的电力合约。这些 TEPC 智能手机应用程序还能够向每位客户发送个性化的节能建议。在家庭范围之外,智慧城市技术可用于智能街灯减少能源使用。Glasgow 未来城市论证者正在试验智能路灯,根据是否有行人出现来决定路灯的开关。能源效率也是所有新建筑需要首先考量的因素,特别是对于大型地方政府和商业建筑来说。通过传感器技术、大数据、数据科学的结合,自动进行温控,可以优化这些建筑的能源效率。这些智能建筑监控系统还有另外一个优点,它们可以监控污染水平和空气质量,并可以实时激活必要的控制和警告。

交通运输是数据科学在城市管理应用中的另一个领域。许多城市都部署了交通监控和管理系统。这些系统使用实时数据

⊖ 更多关于西班牙 SmartSantander 项目的信息,请访问 http://smart-santander.eu。

⊖ 更多关于 TEPC 项目的信息,请访问 http://www.tepco.co.jp/en/press/corp-com/release/2015/1254972_6844.html。

来控制城市交通流量。例如，可以实时控制交通灯序列，在某些情况下，优先考虑对公共交通工具放行。城市交通网络数据对规划公共交通也很有用。现在，很多城市通过检查路线、调度计划和车辆管理，来确保服务支持最大数量的人员并降低与提供运输服务相关的成本。除了对公共网络进行建模之外，数据科学还被用于监控公务车辆以确保其最佳使用。这些项目组合了交通条件（通过道路网络上的传感器、交通信号灯等来收集），正在执行的任务类型以及其他条件来优化出行方案，并且动态调整路线，将相关反馈发送给车辆来帮助它们调整路线。

除了能源使用和交通运输之外，数据科学还被用于改善公共事业服务及基础设施建设的长期规划。基于当前的使用情况和预计的使用情况，不断地监控是否有效提供了公共服务，以及考虑到在类似条件下的先前使用情况。公共事业服务公司正在以多种方式使用数据科学。一种方法是监控公共事业的交付网络：供应、供应质量、任何网络问题、需要高于预期的区域、供应的自动重新路由以及网络中的任何异常。公共事业服务公司使用数据科学的另一种方式是监控他们的客户。他们正在寻找可能表明某些犯罪行为的异常用法（例如，种植大麻），可能改变了他们住所的设备和仪表的客户，以及最有可能违约的客户。数据科学也被用于研究在城市规划中分配住房和相关服务的最佳方式。建立人口增长模型以预测未来，并且基于各种模拟，城市规划者可以估计何时何地需要某些支持服务，例如高中。

7.3　数据科学项目准则：为什么会成功或失败

数据科学项目有时会失败，因为它没有实现预期的效果，它可能会在一些技术或政治问题上陷入困境，没有提供有用的结果；更典型的是，项目运行一次或几次就被废弃了。就像列夫·托尔斯泰的幸福家庭说（Leo Tolstoy's happy family）⊖一样，数据科学项目的成功取决于许多因素。成功的数据科学项目需要有关注焦点，高质量的数据，合适的团队，实验多种算法的意愿，与业务信息技术（IT）架构和流程的集成，高级管理层的支持以及组织机构的认可。因为世界变化莫测，模型可能过时，所以需要不时地进行重建。任何这些方面的失败都可能导致整体项目失败。本节详细介绍了决定数据科学项目成功与否的常见因素，以及数据科学项目失败的典型原因。

关注焦点

每个成功的数据科学项目都首先明确定义了项目将要解决的问题。读者不难理解，这一步骤只是常识：除非项目有明确的目标，否则项目很难取得成功。有明确定义的目标可以决定使用哪些数据，使用什么机器学习算法，如何评估结果，如何

⊖　列夫托尔斯泰的小说《安娜·卡列尼娜》（1877 年）中如是说："幸福的家庭都是相似的，不幸的家庭各有各的不幸"。托尔斯泰的想法是，为了幸福，一个家庭必须在一系列领域（爱情、金融、健康、姻亲）取得成功，但这些领域中的任何一个都会失败。所有幸福的家庭都是一样的，因为他们在所有领域都取得了成功，但不幸的家庭可能因为许多不同原因的组合而感到不快。

每个成功的数据科学项目都首先明确定义了项目将要解决的问题。

对分析模型及分析结果进行使用和部署，以及确定进行分析和更新模型的最佳时机。

数据

可以使用定义明确的问题来定义项目所需的数据。清楚地了解所需的数据有助于引导项目去了解数据位于何处。它还能帮助定义当前哪些数据是可用的，从而确定是否需要启动一些额外的项目来寻找和捕获所需的数据。但是，最重要的是要确保所使用的数据是高质量的数据。组织机构中可能存在设计不良的应用程序，糟糕的数据模型以及未正确培训员工以确保输入数据的质量。无数因素可能导致系统中的数据质量不佳。实际上，对高质量数据的需求非常旺盛，以致一些组织雇用人员不断检查数据，评估数据质量，然后反馈有关如何提高应用程序捕获的人类输入数据质量的想法。没有高质量的数据，数据科学项目很难取得成功。

当获得所需数据时，检查在整个组织中捕获和使用哪些数据总是非常重要的。不幸的是，一些数据科学项目采集数据的方法是查看事务数据库（及其他数据源）中可用的数据，然后在进行数据探索和分析之前集成和清理这些数据。此方法完全忽略了 BI（Business Intelligence，商业智能队）和任意可能存在的数据仓库。在许多组织中，BI 和数据仓库团队已经在收集、清洗、转换组织机构的数据并将其集成到一个中央存储库中。

如果数据仓库已存在，那么它可能包含项目所需的全部或大部分数据。因此，数据仓库可以节省大量的数据清洗、集成方面的时间。它还将拥有比当前事务数据库更多的数据。如果使用数据仓库，可以往前回溯若干年，使用历史数据构建预测模型，在不同时间周期颗粒度上尝试这些模型，然后度量每个模型的预测精度水平。此过程允许监控数据的变化以及它们是如何影响模型的。此外，还可以监控由机器学习算法生成的模型之间的差异以及模型是如何随时间演变的。采用这种方法有助于演示模型的工作机理及其在常年运行中的表现，并有助于建立客户对正在进行的工作能达成预期的信心。例如，在一个数据仓库中有 5 年历史数据的项目中，有可能证明该公司在这段时间内可以节省 4000 万美元或者更多的成本。如果数据仓库不存在或未投入使用，那么就无法证明这一结论。最后，当项目使用个人数据时，必须确保此数据的使用符合相关的反歧视和隐私保护法规。

团队

一个成功的数据科学项目通常涉及一个优秀的团队，团队成员拥有过硬的数据科学能力和技能。在大多数组织中，现有的各种角色是可以为数据科学项目做出贡献的：数据库工程师、ETL 工程师、数据集成工程师、项目经理、业务分析师、领域专家等。但是，组织机构通常需要单独聘请数据科学家，即具有处理大数据技能的人员，应用机器学习，并构建能解决现实

一个成功的数据科学项目通常
涉及一个优秀的团队，团队成
员拥有过硬的数据科
学能力和技能。

世界问题的数据驱动类型的解决方案。成功的数据科学家愿意并能够与管理团队、最终用户以及所有其他相关人员一起工作和沟通，向他们解释什么是数据科学以及如何利用它来解决工作中的问题。一般来说，很难找到既精通技术又能与整个组织内的人员进行有效沟通和合作的人员。不过，这种复合型人才团队的构建对于大多数组织中数据科学项目的成败是至关重要的。

模型

尝试使用多种机器学习算法以找到最适合手头数据集的算法是很重要的。在各种文献中，作者往往仅给出一种机器学习算法的示例。也许作者正在讨论的不过是最适合他们的算法或者他们最喜欢的算法。目前，人们对神经网络和深度学习的使用非常感兴趣。 但是，可以使用许多其他类型的算法，并且应该考虑和测试这些替代方案。此外，对于基于欧盟 2018 年 4 月生效的《通用数据保护条例》的数据科学项目，该法规可能成为决定算法和模型选择的一个因素。这些法规的潜在副作用是，个人对影响他们自动决策过程的"解释权"可能会限制那些难以解释的模型在某些领域中的应用（例如深度神经网络模型）。

与业务系统集成

在定义数据科学项目的目标时，定义如何在组织的 IT 架构和业务流程中部署项目的输出和结果也至关重要。这涉及确定模型在现有系统中的集成位置和方式，以及系统最终用户如何使用生成的结果，或者将结果作为输入传递给另一个处理过程。这个过程越自动化，企业就能越快地对客户的变化做出响应，从而降低成本并增加潜在利润。例如，如果为银行的贷款流程构建了客户风险模型，则应将其集成到终端系统中，该系统能接受客户的贷款申请。这样，当银行员工在处理贷款申请时，他就能获得模型的实时反馈。然后，员工可以使用此实时反馈来解决与客户相关的任何问题。另一个例子是欺诈检测。一个传统解决方案中可能需要 4 到 6 周的时间来确定是否需要调查的潜在欺诈案件，通过将数据科学技术集成到交易监管系统中，组织机构现在可以近实时检测潜在的欺诈案例。通过自动化集成数据驱动类型的模型，可以实现更快的响应速度，并且可以在适当的时间内采取措施。如果项目创建的输出和模型不能集成到业务流程中，则无法使用这些输出，最终导致项目失败。

管理层认同

对于大多数组织机构及其项目，高级管理层的支持对于许多数据科学项目的成功至关重要。但是，大多数高级 IT 经理更关注眼下：系统能正常运行，确保日常应用程序正常运行，确保备份和恢复过程就绪（并经过测试），等等。成功的数据科学项目由高级业务经理（而非 IT 经理）拍板，因为前者不关注技术，而是关注数据科学项目涉及的流程以及数据科学项目的输出如何用于提升组织机构的竞争优势。项目发起人对这些因素

为了组织机构的长期利益，它
需要建立经常执行数据科学项
目的能力，并使用这些
项目的产出。

的关注度越高，项目就越容易成功。然后，他将成为向组织机构中其他成员通报项目进展并将项目推销出去的关键。但是，即使数据科学有一位高级经理作为内部支持者，如果最初的数据科学项目被视为一个走过场的练习，那么在长期内数据科学策略仍然会失败。组织不应将数据科学视为一次性项目。为了组织机构的长期利益，它需要建立经常执行数据科学项目的能力，并使用这些项目的产出。高级管理层需要将数据科学纳入长期战略。

迭代

大多数数据科学项目都需要时不时地在现有的基础上进行更新。对于每个新的更新或迭代，可以添加新数据、新功能，可以使用新算法，等等。这些迭代的频率因项目而异，可以是每天或每季度，也可以是半年或每年。相关检查应该嵌入到生产环境中的数据科学输出中，以检测模型何时需要更新（请参阅Kelleher、Mac Namee 和 D'Arcy（2015），了解如何使用稳定的指数来确定何时应更新模型）。

7.4　终极思考

人类总是对世界进行抽象，然后尝试从抽象出来的经验知识中挖掘有用的模式。数据科学是这种模式探索行为的最新体现。然而，尽管数据科学历史悠久，但其对现代生活影响的广度却是前所未有的。在现代社会中，精准、智能、定向和个性化等词语通常用于描述数据科学项目：精准医学、精准警务、精准农业、智慧城市、智能交通、定向广告、个性化娱乐等。所有这些人类生活领域的共同点是必须做出决策：我们应该为这名患者使用什么治疗方法？我们应该在哪里分配警务资源？我们应该播撒多少肥料？未来 4 年我们需要建造多少所高中？我们应该将这个广告发送给谁？我们应该向这个人推荐什么电影或著作？数据科学在决策赋能方面的威力促使它被更广泛地采用。如果实施得当，数据科学可以提供可操作的业务洞察力，从而产生更好的决策并最终获得更好的结果。

数据科学虽然披着现代科技的外衣，实际上是由大数据、计算能力和多个科学领域（数据挖掘、数据库、机器学习）驱动的。本书试图去阐述理解数据科学所需的基本思想和概念。CRISP-DM 生命周期使数据科学过程变得明确，并为从数据到智能的数据科学旅程提供了一个流程框架：了解问题，准备数据，使用机器学习提取模式和创建模型，使用模型获得可操作的业务洞察力。本书还涉及数据科学领域中与个人隐私相关的一些道德问题。人们确实有充分的理由担心，数据科学有可能被政府和既得利益集团用来操纵和监控我们的行为。作为个人，我们需要对我们希望生活在什么样的数据世界提出有见地的观点，并思考所期望的社会发展的规律，以便将数据科学的使用引向正确的方向。尽管我们可能会对数据科学产生道德上的担忧，但数据科学已经走出了瓶颈：数据科学正在并将继续对我们的日常生活产生重大影响。如果使用得当，它有可能改善我们的生活。但是，如果想让合作伙伴、社区中与我们共享生活的家庭从数据科学中受益，我们需要理解和探索什么是数据科学，它是如何工作的，以及它能（和不能）做什么。希望本书能为读者的数据科学之旅奠定坚实的基础。

术　语　表

分析基表（Analytics Base Table）

它是一个表，其中每行包含与特定实例相关的数据，每列描述实例的特定属性的值。这些数据是数据挖掘和机器学习算法的基本输入。

异常值检测（Anomaly Detection）

搜索和识别数据集中非典型数据实例。这些非典型实例通常被称为异常值或离群点。此过程通常用于分析金融交易，以识别潜在的欺诈活动并触发相应的调查。

关联规则挖掘（Association-Rule Mining）

这是一种无监督的数据分析技术，旨在查找经常共同出现的项集。经典的用例是商场购物篮分析，零售商试图识别一起购买的商品，如热狗、番茄酱和啤酒。

属性（Attribute）

数据集中的每个实例都由许多属性（或者称为特征（feature）或变量（variable））来描述。属性捕获与实例有关的一段信息。属性可以是原始的或派生出来的。

反向传播（Backpropagation）

反向传播算法是用于训练神经网络的机器学习（ML）算法。该算法为网络中的每个神经元计算其对网络误差的贡献。对每个神经元使用这种误差计算，可以更新每个神经元输入的权重，以减少网络的整体误差。反向传播算法之所以如此命名是因为它在一个两阶段的过程中起作用。在第一阶段，将数据实例输入神经网络，并且信息流通过神经网络向前流动，直到神经网络生成对该实例的预测。在第二阶段，通过将神经网络的预测与该实例的正确输出（由训练数据指定）进行比较来计算神经网络在该实例上的误差，然后，从输出层开始，通过网络中的神经元一层一层地向后共享（或反向传播）这个误差。

大数据（Big Data）

大数据通常通过3个字母V来定义：数据量（volume）、数据类型的多样性（variety），以及数据处理的速度（velocity）。

被捕获数据（Captured Data）

在预先设计好的数据收集过程中通过直接测量的方法直接捕获的数据，此概念与**废气数据**（exhaust data）是对应的。

分类（Classification）

基于一组输入属性的值预测实例的目标属性值的任务。其中，目标属性是标称或有序数据类型。

聚类（Clustering）

确定数据集中相似实例构成的群组。

相关性（Correlation）

两个属性间的关联强度。

跨行业标准数据挖掘流程（Cross Industry Standard Process for Data Mining，CRISP-DM）

CRISP-DM 定义了一个标准的数据挖掘项目生命周期。该生命周期经常被数据科学项目采用。

数据（Data）从数据最基本的形式来看，一段数据是对现实世界中实体（人、物体或事件）的抽象（或测量）。

数据分析（Data Analysis）

从数据中任意提取有用信息的过程。数据分析的类型包括数据可视化（data visualization）、描述性统计（summary statistics）、相关性分析（correlation analysis）和机器学习（machine learning）建模。

数据库（Database）

中央数据存储。最常见的数据库结构是关系数据库（relational database），它将数据存储在表中，每个实例对应表中的一行，每个属性对应行中的一列。这种表示非常适合存储具有清晰结构的可以分解为自然属性集的数据。

数据挖掘（Data Mining）

从数据集中提取有用模式以解决确定问题的过程。CRISP-DM 定义了数据挖掘项目的标准生命周期。数据挖掘与数据科学密切相关，但一般而言其研究范围更窄。

数据科学（Data Science）

这是一个新兴领域，它由一系列问题定义、算法和流程构成，可用于分析数据，从（大）数据集中提取可操作的洞察力。它与数据挖掘领域密切相关，但研究和关注范围更广。数据科学处理结构化和非结构化（大）数据，借鉴了多个领域的研究成果，包括机器学习、统计学、数据道德（data ethics）和法规，以及高性能计算（high-performance computing）。

数据集（Data Set）

与一组实例相关的数据集合，每个实例都用一组属性值来描述。在最基本的形式中，数据集为 $n * m$ 矩阵，其中 n 是实例（行）的数量，m 是属性（列）的数量。

数据仓库（Data Warehouse）

集中式数据存储，包含组织中各种来源的数据。数据被格式化以支持生成汇总数据的摘要式报告。联机分析处理（OLAP）是用于描述数据仓库中典型操作的术语。

决策树（Decision Tree）

一种预测模型，它在树形结构中编码了 if-then-else 规则。树中的每个节点都定义了一个要进行测试的属性，从根节点到最终的叶子节点的路径定义了一个待预测实例将要进行的测试序列。

深度学习（Deep Learning）

深度学习模型是具有多个（超过两层）隐藏单元（或神经元）层的神经网络。深度神经网络在网络中的神经元层数方面很深。如今，许多深度神经网络都具有数十到数百层。深度学习模型的强大功能来自深层中神经元的能力，以学习从较浅层中的神经元自身学习到的属性中获得的有用属性。

派生属性（Derived Attribute）

此类属性的值是通过将函数应用于其他数据而非从实体直接测量值生成的。描述总体平均值的属性是派生属性的一个例子。**原始属性**（raw attribute）是一个与派生属性相对的概念。

DIKW 金字塔（DIKW Pyramid）

数据、信息、知识和智慧之间的结构关系模型。在 DIKW 金字塔中，数据先于信息，信息先于知识，知识先于智慧。

废气数据（Exhaust Data）是过程的副产品，它与被捕获数据的生产意图不同。例如，对于每张图片的共享、推文、转发或点赞，都会生成一系列废气数据：谁共享了，谁查看了，使用了何种设备，事件发生的时间等。它是一个与**被捕获数据**相对的概念。

抽取、转换、加载（Extraction、Transformation、Load，ETL）

ETL 是用来描述用于支持数据库之间的数据映射、合并和移动的典型过程和工具的术语。

Hadoop

Hadoop 是 Apache 软件基金会旗下的一个开源框架，专门为处理大数据而设计。它支持跨（基于普通商用硬件）集群的分布式存储和处理。

高性能计算（High-Performance Computing，HPC）

HPC 领域专注于设计和实现将大量计算机连接在一起的框架，以便连接后的计算机集群可以有效地存储和处理海量数据。

数据库内置机器学习算法（In-Database Machine Learning）

使用内置于数据库的机器学习算法的解决方案。数据库内置机器学习算法的好处在于它减少了将数据移入和移出数据库以进行分析所花费的时间。

实例（Instance）

数据集中的每一行都包含与一个实例相关的信息（也称为样例（example）、实体（entity）、案例（case）或记录（record））。

物联网（Internet of Things）

物理设备和传感器之间的网络互连，使这些设备可以共享信息。包括机器对机器通信领域，该领域开发的系统使机器不仅可以共享信息，还可以对这些信息做出反应，并在没有人为参与的情况下触发各种操作。

线性回归（Linear Regression）

当假设**回归分析**（regression analysis）中存在线性关系时，

该分析称为**线性回归**。这是一种流行的预测模型，用于根据一组输入的数值类型属性估计数值类型的目标属性的值。

机器学习（Machine Learning，ML）

一个专注于开发和评估可从**数据集**中提取有用模式算法的计算机科学研究领域。机器学习算法将数据集作为输入并返回一个**模型**（model），该模型对算法从数据中提取出来的模式进行编码。

大 规 模 并 行 处 理 数 据 库（Massively Parallel Processing Database，MPP）

在 MPP 数据库中，数据被分区（partitioned）存放在多台服务器中，每台服务器都可以独立地处理该服务器上的本地数据。

元数据（Metadata）

描述其他数据结构和属性的数据。例如，描述收集数据的时间戳。元数据是最常见的**废气数据**类型之一。

模型（Model）

在机器学习的上下文中，模型是对机器学习算法从数据集中抽取出来的模式的表示。因此，模型通过对数据集拟合而被训练出来，或者通过在数据集上运行机器学习算法来创建。流行的模型表示包括**决策树**和**神经网络**（neural network）。**预测**模型定义从一组输入属性值到目标属性值的映射（或函数）。模型被创建后，可以将其用于处理问题域中的新实例。 例如，为了训练垃圾邮件过滤器模型，我们会将机器学习算法应用于历史电子邮件数据集，该数据集中已经标记好哪些是垃圾邮件哪些不是垃圾邮件。模型经过训练后，可用于对原始数据集之外的新电子邮件进行过滤或打标签。

神经网络（Neural Network）

一种机器学习模型，它是以所谓的**神经元**（neuron）为基础处理单位的网络。通过修改网络中神经元的拓扑结构，可以创建各种不同类型的神经网络。前馈（feed-forward）、完全连接（full connected）的神经网络是一种非常常见的网络类型，可以使用**反向传播算法**进行训练。

神经元（Neuron）

神经元接收多个输入值（或称为输入激活），并将这些值映射到单个输出激活。这种映射通常通过对输入应用一个多源线性回归函数，然后将回归函数的处理结果推送给非线性的激活函数，如 logistic 或 tanh 函数。

联机分析处理（Online Analytical Processing，OLAP）

OLAP 操作生成历史数据的摘要以及来自多个源的聚合数

据。OLAP 操作被设计为用于生成报告类型摘要，用户能够使用一组针对数据预定义的维度对数据仓库中的数据进行切片（slice）、切块（dice）和透视（pivot），例如按商店或季度统计销量。它是一个与**联机事务处理**（Online Transaction Processing，OLTP）相对的概念。

联机事务处理（Online Transaction Processing，OLTP）

OLTP 专门为简短的在线数据事务（例如插入（insert）、删除（delete）、更新（update）等）处理设计，重点在于快速查询处理和在多用户访问环境中维护数据完整性。与 OLAP 系统形成鲜明的对比，OLAP 系统专为历史数据的更复杂操作而设计。

操作数据存储（Operational Data Store，ODS）

ODS 系统集成了来自多个系统的操作或事务数据，用来支持与操作报告相关的任务。

预测（Prediction）

在数据科学和机器学习的上下文中，基于某实例的非目标属性（或输入属性）的值来估计其目标属性值的任务。

原始属性（Raw Attribute）

对实体的抽象，它是对实体的直接测量所获取的数据。例如，一个人的身高。它是一个与**派生属性**相对的概念。

回归分析（Regression Analysis）

当所有输入属性值确定时，估计数值类型目标属性的期望值（或称均值）。回归分析假定输入和输出之间存在一个参数化的数学模型，通常称之为*回归函数*。回归函数可能有多个参数，回归分析的重点是找到这些参数的正确设置。

关系数据库管理系统（Relational Database Management System，RDBMS）

基于 Edgar F. Codd 的关系数据模型的数据库管理系统。关系数据库将数据存储在表集合中，在这里，每个表中的一行代表一个实例，与之对应的每一列代表该实例的一个属性。可以通过在多个表中出现的关键属性来创建表之间的链接。这种结构适用于定义在表中执行数据操作的 SQL 查询。

智慧城市（Smart City）

智慧城市项目通常试图将来自多个不同数据源的实时数据集成到一个数据中心中。在这个数据中心中，对这些数据进行分析，并用于为城市管理和规划决策提供信息。

结构化数据（Structured Data）

可以存储在表中的数据。表中的每个实例都具有相同的属性集。它是一个与**非结构化数据**（unstructured data）相对的概念。

结构化查询语言（Structured Query Language，SQL）

一种定义数据库查询的国际标准。

有监督学习（Supervised Learning）

机器学习的一种形式，其目标是学习一个函数，该函数基于实例的一组输入属性值估算目标属性值，该实例的目标属性值是缺失的。

目标属性（Target Attribute）

在预测任务中，目标属性是训练出来的预测模型要去估计的那个属性。

事务数据（Transactional Data）

事件信息，例如商品销售、开出发票、货物交付、信用卡付款等。

非结构化数据（Unstructured Data）

一种数据类型，数据集中的每个实例都可以有自己的内部结构。也就是说，结构在每个实例中不一定相同。例如，文本数据通常是非结构化的，并且需要对它们应用一系列操作以便为每个实例提取结构化表示。

无监督学习（Unsupervised Learning）

机器学习的一种形式，其目标是识别蕴涵在数据内部的规律。这些规律可能包括相似实例的聚类现象或属性之间的关联规律。与**有监督学习**相反，在无监督学习中，数据集中并没有定义目标属性。

延 伸 阅 读

关于数据和大数据

Davenport, Thomas H. *Big Data at Work: Dispelling the Myths, Uncovering the Opportunities*. Cambridge, MA: Harvard Business Review, 2014.

Harkness, Timandra. *Big Data: Does Size Matter?* New York: Bloomsbury Sigma, 2016.

Kitchin, Rob. *The Data Revolution: Big Data, Open Data, Data Infrastructures, and Their Consequences*. Los Angeles: Sage, 2014.

Mayer-Schönberger, Viktor, and Kenneth Cukier. *Big Data: A Revolution That Will Transform How We Live, Work, and Think*. Boston: Eamon Dolan/Mariner Books, 2014.

Pomerantz, Jeffrey. *Metadata*. Cambridge, MA: MIT Press, 2015.

Rudder, Christian. *Dataclysm: Who We Are (When We Think No One's Looking)*. New York: Broadway Books, 2014.

关于数据科学、数据挖掘及机器学习

Kelleher, John D., Brian Mac Namee, and Aoife D'Arcy. *Fundamentals of Machine Learning for Predictive Data Analytics*. Cambridge, MA: MIT Press, 2015.

Linoff, Gordon S., and Michael J. A. Berry. *Data Mining Techniques: For Marketing, Sales, and Customer Relationship Management*. Indianapolis, IN: Wiley, 2011.

Provost, Foster, and Tom Fawcett. *Data Science for Business: What You Need to Know about Data Mining and Data-Analytic Thinking*. Sebastopol, CA: O'Reilly Media, 2013.

关于隐私、道德及广告

Dwork, Cynthia, and Aaron Roth. 2014. "The Algorithmic Foundations of Differential Privacy." *Foundations and Trends® in Theoretical Computer Science* 9 (3–4): 211–407.

Nissenbaum, Helen. *Privacy in Context: Technology, Policy, and the Integrity of Social Life*. Stanford, CA: Stanford Law Books, 2009.

Solove, Daniel J. *Nothing to Hide: The False Tradeoff between Privacy and Security*. New Haven, CT: Yale University Press, 2013.

Turow, Joseph. *The Daily You: How the New Advertising Industry Is Defining Your Identity and Your Worth*. New Haven, CT: Yale University Press, 2013.

参 考 文 献

Anderson, Chris. 2008. *The Long Tail: Why the Future of Business Is Selling Less of More*. Rev. ed. New York: Hachette Books.

Baldridge, Jason. 2015. "Machine Learning and Human Bias: An Uneasy Pair." *TechCrunch*, August 2. http://social.techcrunch.com/2015/08/02/machine-learning-and-human-bias-an-uneasy-pair.

Barry-Jester, Anna Maria, Ben Casselman, and Dana Goldstein. 2015. "Should Prison Sentences Be Based on Crimes That Haven't Been Committed Yet?" *FiveThirtyEight*, August 4. https://fivethirtyeight.com/features/prison-reform-risk-assessment.

Batty, Mike, Arun Tripathi, Alice Kroll, Peter Wu Cheng-sheng, David Moore, Chris Stehno, Lucas Lau, Jim Guszcza, and Mitch Katcher. 2010. "Predictive Modeling for Life Insurance: Ways Life Insurers Can Participate in the Business Analytics Revolution." Society of Actuaries. https://www.soa.org/files/pdf/research-pred-mod-life-batty.pdf.

Beales, Howard. 2010. "The Value of Behavioral Targeting." Network Advertising Initiative. http://www.networkadvertising.org/pdfs/Beales_NAI_Study.pdf.

Berk, Richard A., and Justin Bleich. 2013. "Statistical Procedures for Forecasting Criminal Behavior." *Criminology & Public Policy* 12 (3): 513–544.

Box, George E. P. 1979. "Robustness in the Strategy of Scientific Model Building," in *Robustness in Statistics*, ed. R. L. Launer and G. N. Wilkinson, 201–236. New York: Academic Press.

Breiman, Leo. 2001. "Statistical Modeling: The Two Cultures (with Comments and a Rejoinder by the Author)." *Statistical Science* 16 (3): 199–231. doi:10.1214/ss/1009213726.

Brown, Meta S. 2014. *Data Mining for Dummies*. New York: Wiley. http://www.wiley.com/WileyCDA/WileyTitle/productCd-1118893174,subjectCd-STB0.html.

Brynjolfsson, Erik, Lorin M. Hitt, and Heekyung Hellen Kim. 2011. "Strength in Numbers: How Does Data-Driven Decisionmaking Affect Firm Performance?"

SSRN Scholarly Paper ID 1819486. Social Science Research Network, Rochester, NY. https://papers.ssrn.com/abstract=1819486.

Burt, Andrew. 2017. "Is There a 'Right to Explanation' for Machine Learning in the GDPR?" https://iapp.org/news/a/is-there-a-right-to-explanation-for-machine-learning-in-the-gdpr.

Buytendijk, Frank, and Jay Heiser. 2013. "Confronting the Privacy and Ethical Risks of Big Data." *Financial Times*, September 24. https://www.ft.com/content/105e30a4-2549-11e3-b349-00144feab7de.

Carroll, Rory. 2013. "Welcome to Utah, the NSA's Desert Home for Eavesdropping on America." *Guardian*, June 14. https://www.theguardian.com/world/2013/jun/14/nsa-utah-data-facility.

Cavoukian, Ann. 2013. "Privacy by Design: The 7 Foundation Principles (Primer)." Information and Privacy Commissioner, Ontario, Canada. https://www.ipc.on.ca/wp-content/uploads/2013/09/pbd-primer.pdf.

Chapman, Pete, Julian Clinton, Randy Kerber, Thomas Khabaza, Thomas Reinartz, Colin Shearer, and Rudiger Wirth. 1999. "CRISP-DM 1.0: Step-by-Step Data Mining Guide." ftp://ftp.software.ibm.com/software/analytics/spss/support/Modeler/Documentation/14/UserManual/CRISP-DM.pdf.

Charter of Fundamental Rights of the European Union. 2000. *Official Journal of the European Communities* C (364): 1–22.

Cleveland, William S. 2001. "Data Science: An Action Plan for Expanding the Technical Areas of the Field of Statistics." *International Statistical Review* 69 (1): 21–26. doi:10.1111/j.1751-5823.2001.tb00477.x.

参 考 文 献

Clifford, Stephanie. 2012. "Supermarkets Try Customizing Prices for Shoppers." *New York Times*, August 9. http://www.nytimes.com/2012/08/10/business/supermarkets-try-customizing-prices-for-shoppers.html.

Council of the European Union and European Parliament. 1995. "95/46/EC of the European Parliament and of the Council of 24 October 1995 on the Protection of Individuals with Regard to the Processing of Personal Data and on the Free Movement of Such Data." *Official Journal of the European Community* L 281:38-1995): 31–50.

Council of the European Union and European Parliament. 2016. "General Data Protection Regulation of the European Council and Parliament." *Official Journal of the European Union* L 119: 1–2016. http://ec.europa.eu/justice/data-protection/reform/files/regulation_oj_en.pdf.

CrowdFlower. 2016. *2016 Data Science Report*. http://visit.crowdflower.com/rs/416-ZBE-142/images/CrowdFlower_DataScienceReport_2016.pdf.

Datta, Amit, Michael Carl Tschantz, and Anupam Datta. 2015. "Automated Experiments on Ad Privacy Settings." *Proceedings on Privacy Enhancing Technologies* 2015 (1): 92–112.

DeZyre. 2015. "How Big Data Analysis Helped Increase Walmart's Sales Turnover." May 23. https://www.dezyre.com/article/how-big-data-analysis-helped-increase-walmarts-sales-turnover/109.

Dodge, Martin, and Rob Kitchin. 2007. "The Automatic Management of Drivers and Driving Spaces." *Geoforum* 38 (2): 264–275.

Dokoupil, Tony. 2013. "'Small World of Murder': As Homicides Drop, Chicago Police Focus on Social Networks of Gangs." *NBC News*, December 17. http://www.nbcnews.com/news/other/small-world-murder-homicides-drop-chicago-police-focus-social-networks-f2D11758025.

Duhigg, Charles. 2012. "How Companies Learn Your Secrets." *New York Times*, February 16. http://www.nytimes.com/2012/02/19/magazine/shopping-habits.html.

Dwork, Cynthia, and Aaron Roth. 2014. "The Algorithmic Foundations of Differential Privacy." *Foundations and Trends® in Theoretical Computer Science* 9 (3–4): 211–407.

Eliot, T. S. 1934 [1952]. "Choruses from 'The Rock.'" In *T. S. Eliot: The Complete Poems and Plays—1909–1950*. San Diego: Harcourt, Brace and Co.

Elliott, Christopher. 2004. "BUSINESS TRAVEL; Some Rental Cars Are Keeping Tabs on the Drivers." *New York Times*, January 13. http://www.nytimes.com/2004/01/13/business/business-travel-some-rental-cars-are-keeping-tabs-on-the-drivers.html.

Eurobarometer. 2015. "Data Protection." Special Eurobarometer 431. http://ec.europa.eu/COMMFrontOffice/publicopinion/index.cfm/Survey/index#p=1&instruments=SPECIAL.

European Commission. 2012. "Commission Proposes a Comprehensive Reform of the Data Protection Rules—European Commission." January 25. http://ec.europa.eu/justice/newsroom/data-protection/news/120125_en.htm.

European Commission. 2016. "The EU-U.S. Privacy Shield." December 7. http://ec.europa.eu/justice/data-protection/international-transfers/eu-us-privacy-shield/index_en.htm.

Federal Trade Commission. 2012. Protecting Consumer Privacy in an Era of Rapid Change. Washington, DC: Federal Trade Commission. https://www.ftc.gov/sites/default/files/documents/reports/federal-trade-commission-report-protecting-consumer-privacy-era-rapid-change-recommendations/120326privacyreport.pdf.

Few, Stephen. 2012. *Show Me the Numbers: Designing Tables and Graphs to Enlighten*. 2nd ed. Burlingame, CA: Analytics Press.

Goldfarb, Avi, and Catherine E. Tucker. 2011. Online Advertising, Behavioral Targeting, and Privacy. *Communications of the ACM* 54 (5): 25–27.

Gorner, Jeremy. 2013. "Chicago Police Use Heat List as Strategy to Prevent Violence." *Chicago Tribune*, August 21. http://articles.chicagotribune.com/2013-08-21/news/ct-met-heat-list-20130821_1_chicago-police-commander-andrew-papachristos-heat-list.

Hall, Mark, Ian Witten, and Eibe Frank. 2011. *Data Mining: Practical Machine Learning Tools and Techniques*. Amsterdam: Morgan Kaufmann.

Han, Jiawei, Micheline Kamber, and Jian Pei. 2011. *Data Mining: Concepts and Techniques*. 3rd ed. Haryana, India: Morgan Kaufmann.

Harkness, Timandra. 2016. *Big Data: Does Size Matter?* New York: Bloomsbury Sigma.

Henke, Nicolaus, Jacques Bughin, Michael Chui, James Manyika, Tamim

Saleh, and Bill Wiseman. 2016. *The Age of Analytics: Competing in a Data-Driven World*. Chicago: McKinsey Global Institute. http://www.mckinsey.com/business-functions/mckinsey-analytics/our-insights/the-age-of-analytics -competing-in-a-data-driven-world.

Hill, Shawndra, Foster Provost, and Chris Volinsky. 2006. Network-Based Marketing: Identifying Likely Adopters via Consumer Networks. *Statistical Science* 21 (2): 256–276. doi:10.1214/088342306000000222.

Hunt, Priscillia, Jessica Saunders, and John S. Hollywood. 2014. *Evaluation of the Shreveport Predictive Policing Experiment*. Santa Monica, CA: Rand Corporation. http://www.rand.org/pubs/research_reports/RR531.

Innes, Martin. 2001. Control Creep. *Sociological Research Online* 6 (3). https://ideas.repec.org/a/sro/srosro/2001-45-2.html.

Kelleher, John D. 2016. "Fundamentals of Machine Learning for Neural Machine Translation." In *Proceedings of the European Translation Forum*, 1–15. Brussels: European Commission Directorate-General for Translation. https://tinyurl.com/RecurrentNeuralNetworks.

Kelleher, John D., Brian Mac Namee, and Aoife D'Arcy. 2015. *Fundamentals of Machine Learning for Predictive Data Analytics*. Cambridge, MA: MIT Press.

Kerr, Aphra. 2017. *Global Games: Production, Circulation, and Policy in the Networked Era*. New York: Routledge.

Kitchin, Rob. 2014a. *The Data Revolution: Big Data, Open Data, Data Infrastructures, and Their Consequences*. Los Angeles: Sage.

Kitchin, Rob. 2014b. "The Real-Time City? Big Data and Smart Urbanism." *GeoJournal* 79 (1): 1–14. doi:10.1007/s10708-013-9516-8.

Koops, Bert-Jaap. 2011. "Forgetting Footprints, Shunning Shadows: A Critical Analysis of the 'Right to Be Forgotten' in Big Data Practice." Tilburg Law School Legal Studies Research Paper no. 08/2012. *SCRIPTed* 8 (3): 229–56. doi:10.2139/ssrn.1986719.

Korzybski, Alfred. 1996. "On Structure." In *Science and Sanity: An Introduction to Non-Aristotelian Systems and General Semantics*, CD-ROM, ed. Charlotte Schuchardt-Read. Englewood, NJ: Institute of General Semantics. http://esgs.free.fr/uk/art/sands.htm.

Kosinski, Michal, David Stillwell, and Thore Graepel. 2013. "Private Traits and Attributes Are Predictable from Digital Records of Human Behavior." *Proceed-*

ings of the National Academy of Sciences of the United States of America 110 (15): 5802–5805. doi:10.1073/pnas.1218772110.

Le Cun, Yann. 1989. *Generalization and Network Design Strategies*. Technical Report CRG-TR-89–4. Toronto: University of Toronto Connectionist Research Group.

Levitt, Steven D., and Stephen J. Dubner. 2009. *Freakonomics: A Rogue Economist Explores the Hidden Side of Everything*. New York: William Morrow Paperbacks.

Lewis, Michael. 2004. *Moneyball: The Art of Winning an Unfair Game*. New York: Norton.

Linoff, Gordon S., and Michael J.A. Berry. 2011. *Data Mining Techniques: For Marketing, Sales, and Customer Relationship Management*. Indianapolis, IN: Wiley.

Manyika, James, Michael Chui, Brad Brown, Jacques Bughin, Richard Dobbs, Charles Roxburgh, and Angela Hung Byers. 2011. *Big Data: The Next Frontier for Innovation, Competition, and Productivity*. Chicago: McKinsey Global Institute. http://www.mckinsey.com/business-functions/digital-mckinsey/our-insights/big-data-the-next-frontier-for-innovation.

Marr, Bernard. 2015. *Big Data: Using SMART Big Data, Analytics, and Metrics to Make Better Decisions and Improve Performance*. Chichester, UK: Wiley.

Mayer, J. R., and J. C. Mitchell. 2012. "Third-Party Web Tracking: Policy and Technology." In *2012 IEEE Symposium on Security and Privacy*, 413–27. Piscataway, NJ: IEEE. doi:10.1109/SP.2012.47.

Mayer, Jonathan, and Patrick Mutchler. 2014. "MetaPhone: The Sensitivity of Telephone Metadata." *Web Policy*, March 12. http://webpolicy.org/2014/03/12/metaphone-the-sensitivity-of-telephone-metadata.

Mayer-Schönberger, Viktor, and Kenneth Cukier. 2014. *Big Data: A Revolution That Will Transform How We Live, Work, and Think*. Reprint. Boston: Eamon Dolan/Mariner Books.

McMahan, Brendan, and Daniel Ramage. 2017. "Federated Learning: Collaborative Machine Learning without Centralized Training Data." *Google Research Blog*, April. https://research.googleblog.com/2017/04/federated-learning-collaborative.html.

Nilsson, Nils. 1965. *Learning Machines: Foundations of Trainable Pattern-Classifying Systems*. New York: McGraw-Hill.

参 考 文 献

Oakland Privacy Working Group. 2015. "PredPol: An Open Letter to the Oakland City Council." June 25. https://www.indybay.org/newsitems/2015/06/25/18773987.php.

Organisation for Economic Co-operation and Development (OECD). 1980. *Guidelines on the Protection of Privacy and Transborder Flows of Personal Data.* Paris: OECD. https://www.oecd.org/sti/ieconomy/oecdguidelinesonthe protectionofprivacyandtransborderflowsofpersonaldata.htm.

Organisation for Economic Co-operation and Development (OECD). 2013. *2013 OECD Privacy Guidelines.* Paris: OECD. https://www.oecd.org/internet/ieconomy/privacy-guidelines.htm.

O'Rourke, Cristín, and Aphra Kerr. 2017. "Privacy Schield for Whom? Key Actors and Privacy Discourse on Twitter and in Newspapers." In "Redesigning or Redefining Privacy?," special issue of *Westminster Papers in Communication and Culture* 12 (3): 21–36. doi:http://doi.org/ 10.16997/wpcc.264.

Pomerantz, Jeffrey. 2015. *Metadata.* Cambridge, MA: MIT Press. https://mitpress.mit.edu/books/metadata-0.

Purcell, Kristen, Joanna Brenner, and Lee Rainie. 2012. "Search Engine Use 2012." Pew Research Center, March 9. http://www.pewinternet.org/2012/03/09/main-findings-11/.

Quinlan, J. R. 1986. "Induction of Decision Trees." *Machine Learning* 1 (1): 81–106. doi:10.1023/A:1022643204877.

Rainie, Lee, and Mary Madden. 2015. "Americans' Privacy Strategies Post-Snowden." Pew Research Center, March. http://www.pewinternet.org/files/2015/03/PI_AmericansPrivacyStrategies_0316151.pdf.

Rhee, Nissa. 2016. "Study Casts Doubt on Chicago Police's Secretive 'Heat List.'" *Chicago Magazine*, August 17. http://www.chicagomag.com/city-life/August-2016/Chicago-Police-Data/.

Saunders, Jessica, Priscillia Hunt, and John S. Hollywood. 2016. "Predictions Put into Practice: A Quasi-Experimental Evaluation of Chicago's Predictive Policing Pilot." *Journal of Experimental Criminology* 12 (3): 347–371. doi:10.1007/s11292-016-9272-0.

Shmueli, Galit. 2010. "To Explain or to Predict?" *Statistical Science* 25 (3): 289–310. doi:10.1214/10-STS330.

Shubber, Kadhim. 2013. "A Simple Guide to GCHQ's Internet Surveillance Programme Tempora." *WIRED UK*, July 24. http://www.wired.co.uk/article/gchq-tempora-101.

Silver, David, Aja Huang, Chris J. Maddison, Arthur Guez, Laurent Sifre, George van den Driessche, Julian Schrittwieser, et al. 2016. "Mastering the Game of *Go* with Deep Neural Networks and Tree Search." *Nature* 529 (7587): 484–489. doi:10.1038/nature16961.

Soldatov, Andrei, and Irina Borogan. 2012. "In Ex-Soviet States, Russian Spy Tech Still Watches You." *WIRED*, December 21. https://www.wired.com/2012/12/russias-hand.

Steinberg, Dan. 2013. "How Much Time Needs to Be Spent Preparing Data for Analysis?" http://info.salford-systems.com/blog/bid/299181/How-Much-Time-Needs-to-be-Spent-Preparing-Data-for-Analysis.

Taylor, David. 2016. "Battle of the Data Science Venn Diagrams." *KDnuggets*, October. http://www.kdnuggets.com/2016/10/battle-data-science-venn-diagrams.html.

Tufte, Edward R. 2001. *The Visual Display of Quantitative Information*. 2nd ed. Cheshire, CT: Graphics Press.

Turow, Joseph. 2013. *The Daily You: How the New Advertising Industry Is Defining Your Identity and Your Worth*. New Haven, CT: Yale University Press.

Verbeke, Wouter, David Martens, Christophe Mues, and Bart Baesens. 2011. "Building Comprehensible Customer Churn Prediction Models with Advanced Rule Induction Techniques." *Expert Systems with Applications* 38 (3): 2354–2364.

Weissman, Cale Gutherie. 2015. "The NYPD's Newest Technology May Be Recording Conversations." *Business Insider*, March 26. http://uk.businessinsider.com/the-nypds-newest-technology-may-be-recording-conversations-2015-3.

Wolpert, D. H., and W. G. Macready. 1997. "No Free Lunch Theorems for Optimization." *IEEE Transactions on Evolutionary Computation* 1 (1): 67–82. doi:10.1109/4235.585893.